物理化学实验

主编 郭永明

郑州大学出版社

内容提要

本书共分绪论、物理化学实验室安全知识、物理化学实验中的误差与数据处理、物理化学实验基本知识和物理化学实验部分共 5 章,其中物理化学实验部分含 18 个实验项目,主要涉及物质热力学、电化学、动力学、表面化学、结构化学、溶液化学等内容。为帮助学生树立正确的人生观、价值观和世界观,每一个实验项目后均有"思政小课堂"内容,供学生阅读提升个人思想水平。本书可作为高等院校化学类、环境类、材料类等专业本科生的教材,也可供从事相关工作的读者参考使用。

图书在版编目(CIP)数据

物理化学实验 / 郭永明主编. — 郑州 : 郑州大学出版社,2023. 8
ISBN 978-7-5645-9759-7

Ⅰ. ①物…　Ⅱ. ①郭…　Ⅲ. 物理化学 – 化学实验 – 高等学校 – 教材
Ⅳ. ①O64-33

中国国家版本馆 CIP 数据核字(2023)第 102745 号

物理化学实验
WULI HUAXUE SHIYAN

策划编辑	袁翠红	封面设计	苏永生
责任编辑	王红燕	版式设计	苏永生
责任校对	杨飞飞	责任监制	李瑞卿

出版发行	郑州大学出版社	地　　址	郑州市大学路 40 号(450052)
出版人	孙保营	网　　址	http://www.zzup.cn
经　销	全国新华书店	发行电话	0371-66966070
印　刷	广东虎彩云印刷有限公司		
开　本	787 mm×1 092 mm　1 / 16		
印　张	10.5	字　　数	245 千字
版　次	2023 年 8 月第 1 版	印　　次	2023 年 8 月第 1 次印刷

书　号	ISBN 978-7-5645-9759-7	定　　价	39.00 元

前　言

物理化学实验是高等院校化学类、环境类、材料类等专业的必修课程,在课程教学过程中,物理化学实验利于学生加深理解和巩固理论知识,培养学生实践能力、发现及解决问题能力、科学思维能力、创新能力、数据处理与分析能力、团队协作能力、环保意识等。

随着科技及各校办学水平的提高,实验设备不断更新换代,现有实验教材无法满足教学需求,同时学生的认知能力也在不断变化,为能够满足教学需求,特编写了《物理化学实验》教材。

结合国内各教材和教学经验,本教材具有如下特色:

(1)在每一个实验前面均增加了预习任务单,促使学生在预习过程中进行思考,提高预习效果。

(2)精炼了实验原理、实验步骤等内容,增加了数据记录表,便于学生更便捷记录实验数据。

(3)以拓展阅读形式增加了与实验相关的最新文献,便于对实验感兴趣的学生及时查阅文献,帮助学生及时了解实验改进和创新进展,利于培养学生查阅文献能力和追求创新的意识。

(4)将实验用到的仪器操作方法附在实验后面,便于学生及时查阅,培养学生学习的能动性,提高学生的实验预习效果。

(5)在每一个实验后面以"思政小课堂"形式展示与实验相关的课程思政内容,希望在实验教学的同时,提高学生的思想政治素质,帮助学生树立正确的人生观、价值观和世界观。

(6)结合最新的科研进展选取了几个创新实验,可满足学生追求创新的需求。

参加本书编写的有南京信息工程大学郭永明和向育斌。最后由郭永明完成了本书的通稿和整理工作。本书得到了南京信息工程大学教材基金资助。

由于编者水平有限,书中难免存在不当或疏漏之处,恳请广大读者批评指正,编者不胜感激。

编　者
2023 年 4 月

目　录

第1章 绪论

1.1 物理化学实验的性质、目的

1.1.1 物理化学实验的性质

物理化学实验是继无机化学实验、有机化学实验和分析化学实验之后的一门重要的实验课程。它以数据测量为主要内容,通过对实验数据的科学处理来研究物质的物理、化学性质及其化学反应规律。

物理化学实验综合了化学学科各领域所需要的基本研究工具和方法,它借助于物理学上光、热、电、磁等实验手段,来追踪化学变化过程中体系某些可测物理量的变化,并用数学原理和方法处理实验数据,得出科学结论。

在物理化学实验中,学生通过测量和记录大量的实验数据,转换和处理实验数据,绘制图表,对实验中存在或出现的问题进行思考和讨论等,来培养学生实事求是的科学态度,严谨细致的工作作风,熟练正确的实验技能,分析问题和解决问题的能力等。对许多物理化学实验,可以通过不同的实验原理和方法测定不同的物理量来达到同一目的,因此能为学生提供综合运用所学知识和提出新的设计思想的实验场所,因此可以培养学生丰富的想象力、科学抽象和创新的能力。

1.1.2 物理化学实验的目的

物理化学实验是物理化学教学内容的一个重要组成部分,对以后进行专业课实验和独立工作能力培养有很大帮助,学生必须以认真的科学态度,做好每一个实验。其实验的目的如下:

(1)掌握物理化学实验的基本实验方法和实验技术,学会常用仪器的操作方法;了解近代大中型仪器在物理化学实验中的应用,培养学生的动手能力。

(2)通过实验操作、现象观察和数据处理,锻炼学生分析问题、解决问题的能力。

(3)加深对物理化学基本原理的理解,给学生提供理论联系实际和理论应用于实践的机会。

(4)培养学生实事求是的科学态度和严肃认真、一丝不苟的科学作风,进一步培养学生的创新意识。

1.2 物理化学实验的要求和教学方法

1.2.1 物理化学实验的要求

1.2.1.1 实验预习

由于物理化学实验需要使用仪器,所以实验之前,学生要阅读相关的实验教材、参考书和仪器说明书,预先了解实验的目的和原理,明确本次实验中采用的实验方法及仪器、实验内容、实验操作过程和步骤,做到心中有数,并完成预习任务单,在此基础上撰写实验预习报告。其内容包括:实验名称、实验目的、实验原理、主要实验仪器与试剂;实验(主要)操作步骤;在此基础上,应该初步设计一个合理的原始数据记录表,并记录预习过程中的疑问及问题。

进入实验室后首先要核对仪器与药品,看是否完好,发现问题及时向指导教师提出,然后对照仪器进一步预习,并接受教师的提问、检查,在教师指导下做好实验准备工作。

物理化学实验预习报告格式

实验题目

实验者　　　　合作者　　　　室温　　　　大气压　　　　实验日期

一、预习任务单

二、实验目的

三、实验原理

四、实验仪器与试剂

五、实验步骤

六、数据记录表

七、实验疑问与问题

1.2.1.2 实验操作

实验前首先要检查仪器、试剂及其他实验用品是否符合实验要求,并做好实验的各项准备工作,按照实验要求安装、调试实验设备,经指导教师同意后方可进行实验。仪器的使用须严格按照操作规程进行,不可盲动;对于实验操作步骤,通过预习应做到心中有数,严禁"照单抓药"式的操作。

实验过程中要保持安静、耐心细致、规范操作、仔细观察、认真记录、积极思考、注意安全。发现异常现象应仔细查明原因,或请教指导教师帮助分析处理;客观、正确地记录原始数据。

实验结束后,与教师讨论实验中的问题、处理必要的实验数据,指导教师在预习报告上签字。应及时清洗和恢复仪器、试剂状态,整理卫生,经老师检查合格后方可离开实验室。

1.2.1.3 实验记录

实验原始数据首先是实验条件的记录,包括环境条件——实验日期、室温、大气压和仪器及药品条件——所用仪器的名称、型号和精度、试剂的名称和级别、溶液的浓度等。实验条件是分析实验中出现的问题和误差大小的重要依据,对培养敏锐的科学洞察力是大有益处的。其次记录实验所测定的目标物理量(实验数据)和实验现象。记录实验数据和现象必须忠实、准确,不能只拣"好"的数据记,不能随意涂改数据,不能用铅笔记录原始数据。

1.2.1.4 实验报告

实验报告是学生实验结果的最终表达,学生通过撰写实验报告,能够进一步巩固实验所涉及的化学理论知识,加深对理论知识的理解,强化对理论知识的应用。实验指导教师通过批改学生提交的实验报告可以及时掌握实验教学目标的实现情况,及时更新实验教学手段和教学方法。学生必须认真对待,应做到:

(1)须在规定时间内独立完成实验报告,及时提交给实验指导教师。

(2)报告内容包括实验目的、实验原理、主要仪器的型号及工作原理、药品的规格或浓度、实验步骤、原始数据、结果处理以及问题讨论等。

(3)实验报告应注意书写规范,包括图表的规范表达,实验结论的正确而简洁的表述等。

(4)问题讨论是报告中很重要的一项,主要对实验时所观察到的重要现象,实验原理、操作,实验方法的设计、仪器的设计以及误差来源进行讨论,也可以对实验提出进一步改进的意见。

(5)实验收获与建议是完成实验后对实验过程中的得失及时小结,可以是实验成功的经验或失败的教训;或者是实验所涉及的理论知识的掌握情况及今后的努力方向;也可以是实验条件和实验方案的改善意见,包括对实验仪器、药品的准备情况,实验教师的指导以及实验教材中的实验方案等存在的问题提出合理化建议等。

(6)实验报告经指导教师批阅后,如认为有必要重做者,应在指定时间补做,不经指导教师许可不能任意补做实验。

(7)一份合格的实验报告应该是:目的明确、原理清楚、数据处理正确、作图合理、讨论切题深入、字迹整齐。

物理化学实验报告格式

实验题目

实验者　　　　合作者　　　室温　　　大气压　　　实验日期

一、实验目的

二、实验原理

三、实验仪器(包括规格型号)

四、实验试剂(包括名称、浓度、纯度)

五、实验步骤

六、实验数据记录及处理

七、实验误差分析

八、实验讨论与思考题

九、收获与建议

1.2.2　物理化学实验的教学方法

物理化学实验教学应在保障学生人身安全和实验室财产设备安全,保障实验教学目标的实现,保障实验教学内容能够顺利完成等前提下,放手让学生通过实验解决学习中的疑惑,具体要求做好如下几个环节:

(1)将学生合理分组,计划好每组学生的实验内容和实验时间,便于学生提前预习。

(2)仔细检查学生的预习情况,通过提问的方式对必须重点掌握的内容进行检查。

(3)讲清实验原理,讲解主要实验仪器的工作原理及维护措施,演示关键实验步骤,提示实验中的重要注意事项及实验成功的关键步骤。

(4)指导并检查学生连接实验装置。

(5)提示并引导学生观察实验现象,记录实验数据,启发学生思考实验中可能出现的非正常现象,特别是当实验失败时,要引导学生认真分析实验失败的原因,找到解决问题的关键。

(6)检查学生的实验结果和数据记录,指导学生对实验进行小结。

(7)及时批改实验报告。

(8)对实验教学进行小结。

1.3　物理化学实验的基本规则

1.3.1　进实验室前应注意的事项

(1)安全、撤离通道、路线和顺序。

(2)洗眼器、紧急淋浴器的位置。

(3)灭火器、消防栓的位置。

(4)紧急处理药品的位置。

(5)报警电话的位置。

(6)应急处理预案。

1.3.2　物理化学实验规则

实验室规则是人们长期从事化学实验工作总结出来的,它是保持良好环境和工作秩序、防止意外事故、做好实验的重要前提,也是培养学生优良素质的重要措施。

（1）实验时应遵守操作规则，遵守一切安全措施，保证实验安全进行。

（2）遵守纪律，不迟到，不早退，保持室内安静，不大声喧哗，不到处乱走，不允许在实验室内嬉闹及搞恶作剧。

（3）使用水、电、煤气、药品试剂等都应本着节约原则。

（4）未经老师允许不得乱动精密仪器，使用时要爱护，如发现仪器损坏，立即报告指导教师并追查原因。

（5）随时注意室内整洁卫生，纸张等废物只能丢入废物缸内，不能随地乱丢，更不能丢入水槽，以免发生堵塞。实验完毕将玻璃仪器洗净，把实验桌打扫干净，将公用仪器、试剂药品整理好。

（6）实验时要集中注意力，认真操作，仔细观察，积极思考，实验数据要及时如实详细地记在报告本上，不得涂改和伪造，如有记错可在原数据上画一杠，再在旁边记下正确值。

（7）实验结束后，由同学轮流值日，负责打扫整理实验室，检查水、门窗是否关好，电闸是否拉掉，以保证实验室的安全。

1.3.3　物理化学实验室学生守则

（1）进入实验室要穿实验服，佩戴护目镜，头发扎起，不穿拖鞋，不穿短裤，严禁在实验室喝水、吃东西，严禁做与实验无关的事情。

（2）学生应按编定的组别到指定的位置做实验，不得随意调动实验台位。

（3）实验前必须有实验预习报告，认真复习与实验有关的理论知识，明确实验的原理、目的要求、实验方法、步骤和注意事项，经指导教师检查合格后方可进行实验操作。

（4）严格遵守纪律，注意保持实验室的安静、整洁，实验时不得喧哗或大声讨论，不准将实验废液、废物乱倒乱扔，尽量减少不必要的走动，以免影响实验结果和他人做实验。

（5）严格遵守实验仪器的操作规程，在使用仪器前，应了解其性能和操作方法，对精密、贵重仪器设备，应在教师指导下认真操作。

（6）要以严谨的科学态度进行实验，实验时要认真记录实验数据和实验现象，对实验中发生的问题，要善于分析，力求从理论上加以解释，实验结束后，必须按规定的时间和要求完成实验报告。

（7）按要求使用水电和有毒有害化学药品，避免事故的发生。在实验室发生安全事故时，应保持冷静，应在保障自身安全的前提下采取适当的抢救措施。控制现场，并报告指导教师酌情处理。

（8）实验完毕，按规定做好仪器设备的擦洗、校验、复原工作，自觉做好实验室的清洁，经指导教师检查同意后方可离开实验室。

（9）实验过程中如损坏仪器设备，应如实报告实验指导教师或实验工作人员，办理登记手续，凡属疏忽大意或违反操作规程而造成丢失损坏仪器、设备及其他公物者，要酌情赔偿，情节严重者，给予纪律处分。

第 2 章　物理化学实验室安全知识

　　务必把学生、教师和其他实验工作人员的人身安全放在首位,除了在实验室设计时应充分考虑到实验室的消防、有害气体的处理与排放、有害化学品的存储及其他可能导致人身安全问题以外,学生在实验过程中,还应特别注意偶发事件的防范,在化学实验室里,安全是非常重要的,它常常潜藏着诸如发生爆炸、着火、中毒、灼伤、割伤、触电等事故的危险性。如何来预防这些事故的发生,以及万一发生事故如何急救,都是每一个化学实验工作者必须具备的素质。本章主要结合物理化学实验的特点介绍安全用电常识及化学药品使用的安全防护等知识。

2.1　安全用电常识

　　物理化学实验使用电器较多,特别要注意安全用电。违章用电可能造成仪器设备损坏、火灾甚至人身伤亡等严重事故,离开实验室前要关闭所有仪器电源和总开关。为了保障人身安全,一定要遵守以下安全用电规则。

2.1.1　防止触电

　　不用潮湿的手接触电器,实验开始时,应先连接好电路再接通电源;修理或安装电器时,应先切断电源;实验结束时,先切断电源再拆线路。不能用试电笔去试高压电,使用高压电源应有专门的防护措施。如果有人触电,首先应迅速切断电源然后进行抢救,离开实验室前一定要断开所有仪器电源,并断开实验室总电源。

2.1.2　防止发生火灾及短路

　　电线的安全通电量应大于用电功率;使用的保险丝要与实验室允许的用电量相符。室内若有氢气、煤气等易燃易爆气体,应避免产生电火花。继电器工作时、电器接触点接触不良及开关电闸时均易产生电火花,要特别小心。如遇电线起火,立即切断电源,用沙或二氧化碳、四氯化碳灭火器灭火,禁止用水或泡沫灭火器等导电液体灭火。电线、电器不能被水浸湿或浸在导电液体中;线路中各接点应牢固,电路元件两端接头不要互相接触,以防短路。

2.1.3　电器仪表的安全使用

使用前首先要了解电器仪表要求使用的电源是交流电还是直流电,是三相电还是单相电,以及电压的大小(如 380 V、220 V)。须弄清电器功率是否符合要求及直流电器仪表的正、负极。仪表量程应大于待测量,待测量大小不明时,应从最大量程开始测量。实验前要检查线路连接是否正确,经教师检查同意后方可接通电源。在使用过程中如发现异常,如不正常声响、局部温度升高或嗅到焦味,应立即切断电源,并报告教师进行检查。

2.2　化学药品使用的安全防护

2.2.1　防毒

实验前,了解所用药品的毒性及防护措施。操作有毒性化学药品应在通风橱内进行,避免与皮肤接触;剧毒药品应妥善保管并小心使用。严禁在实验室内喝水、吃东西;离开实验室要洗净双手。

2.2.2　防爆

可燃气体与空气的混合物在比例处于爆炸极限时,受到热源(如电火花)诱发将会引起爆炸。因此使用时要尽量防止可燃性气体逸出,保持室内通风良好;操作大量可燃性气体时,严禁使用明火和可能产生电火花的电器,并防止其他物品撞击产生火花。

另外,有些药品如乙炔银、过氧化物等受震或受热易引起爆炸,使用时要特别小心。严禁将强氧化剂和强还原剂放在一起;久藏的乙醚使用前应除去其中可能产生的过氧化物;进行易发生爆炸的实验,应有防爆措施。

2.2.3　防火

许多有机溶剂如乙醚、丙酮等非常容易燃烧,使用时室内不能有明火、电火花等。用后要及时回收处理,不可倒入下水道,以免聚集引起火灾。实验室内不可存放过多这类药品。

另外,有些物质如磷、金属钠及比表面很大的金属粉末(如铁、铝等)易氧化自燃,在保存和使用时要特别小心。

实验室一旦着火不要惊慌,应根据情况选择不同的灭火剂进行灭火。以下几种情况不能用水灭火:

(1)有金属钠、钾、镁、铝粉、电石、过氧化钠等时,应用干沙等灭火;

(2)密度比水小的易燃液体着火,应采用泡沫灭火器;

(3)有灼烧的金属或熔融物的地方着火时,应用干沙或干粉灭火器;

(4)电器设备或带电系统着火,用二氧化碳或四氯化碳灭火器。

2.2.4　防灼伤

强酸、强碱、强氧化剂、溴、磷、钠、钾、苯酚、冰醋酸等都会腐蚀皮肤,特别要防止溅入眼内。液氧、液氮等低温也会严重灼伤皮肤,使用时要小心。万一灼伤应及时治疗。

2.2.5　汞的安全使用

汞中毒分急性和慢性两种。急性中毒多为高汞盐(如 $HgCl_2$)入口所致,$0.1 \sim 0.3$ g 即可致死。吸入汞蒸气会引起慢性中毒,症状为食欲不振、恶心、便秘、贫血、骨骼和关节疼痛、精神衰弱等。汞蒸气的最大安全浓度为 0.1 mg·m^{-3},而 20 ℃时汞的饱和蒸气压约为 0.16 Pa,超过安全浓度 130 倍。所以使用汞时必须严格遵守如下规定:

(1)储汞的容器要用厚壁玻璃器皿或瓷器,在汞面上加盖一层水,避免直接暴露于空气中,同时应放置在远离热源的地方。一切转移汞的操作,应在装有水的浅瓷盘内进行。

(2)装汞的仪器下面一律放置浅瓷盘,防止汞滴落到桌面或地面上。万一有汞掉落,要先用吸汞管尽可能将汞珠收集起来,然后把硫黄粉撒在汞溅落的地方,并摩擦使之生成 HgS,也可用 $KMnO_4$ 溶液使其氧化。擦过汞的滤纸等必须放在有水的瓷缸内。

(3)使用汞的实验室应有良好的通风设备;手上若有伤口,勿接触汞。

(4)如不慎吞食水银,应即时用冷水漱口,后服用生蛋清或牛奶,借助蛋白质减缓身体对水银的吸收,然后再去就医处理。

2.3　用水安全原则

(1)要爱惜实验室水资源,纯水需用专用的塑料桶或洗瓶存放,并做好标记,严禁实验室纯水与自来水混用。

(2)水源要远离电器和化学试剂,离开实验室前需关闭实验室自来水总开关。

(3)实验室的上、下水道必须保持通畅,严禁向水槽内倾倒纸屑等杂物,以免堵塞下水道。

(4)实验室水龙头用后必须关紧,但不能用力过猛,杜绝自来水龙头打开而无人监管的现象,停水时不得将水龙头打开待水,要定期检查上下水管路、化学冷却冷凝系统的橡胶管等,避免发生因管路老化等情况所造成的漏水事故。

(5)冬季做好水管的保暖和放空工作,防止水管受冻爆裂。

第3章 物理化学实验中的误差与数据处理

3.1 物理化学实验中的误差

3.1.1 研究误差的目的

在物理化学实验物理量的实际测量中,无论是直接测量的量,还是间接测量的量(由直接测量的量通过公式计算得到的量),由于仪器的精密度、测量方法以及外界条件等因素的影响,使得测量值与真值(或实验平均值)之间存在一个称为"测量误差"的差值。由于误差无法消除,研究误差的目的是要在一定条件下得到更接近于真实值的最佳测量结果,并确认结果的不确定程度。

在实验前估算各测量值的误差,为正确选择实验方法、选用精密度相当的仪器、降低成本、缩短实验时间以及获得预期的实验效果提供基本保证。因此,除了认真仔细地进行实验外,还要具备正确表达实验结果的能力。仅提供报告结果而不同时指出结果的不确定程度的实验是没有价值的。正确的误差概念对正确表达实验结果非常重要。

3.1.2 误差的分类

根据误差的性质,其可分为如下三种。

3.1.2.1 系统误差(恒定误差)

系统误差是指在相同条件下,多次测量同一物理量时,误差的绝对值和符号保持恒定,或在条件改变时按某一确定规律变化的误差。

(1)实验方法的缺陷,例如使用了近似公式。

(2)仪器药品的不良,如电表零点偏差、温度计刻度不准、药品纯度不高等。

(3)操作者的不良习惯,如观察视线偏高或偏低。

通过改变实验条件可以发现系统误差的存在,针对产生的原因可采取措施,使其尽量减少。

3.1.2.2 偶然误差(随机误差)

相同条件下,多次测量同一物理量时,误差的绝对值时大时小,符号时正时负,但随

测量次数的增加,其平均值趋于零,具有抵偿性,它的产生并不确定,其产生的原因可能有:

(1)实验者对仪器最小分度值以下的估读,每次很难相同。

(2)测量仪器的某些活动部件所指测量结果,每次很难相同,尤其是质量较差的电学仪器最为明显。

(3)影响测量结果的某些实验条件如温度、气压等,不可能在每次实验中控制得绝对不变。

减少偶然误差最好的方法是对被测物理量进行多次重复测量,求其平均值,以提高测量的精确度。

3.1.2.3　过失误差

这是一种明显歪曲实验结果的误差。它无规律可循,是由操作者操作失误等原因所致,只要加强责任心,此类误差可以避免。发现有此种误差产生,所得数据应予以剔除。

3.1.3　测量的准确度与精密度

准确度是指测量结果的准确性,即测量结果接近真值的程度。而真值是指用已消除系统误差的实验手段和方法进行足够多次的测量所得的算术平均值或者文献手册中的公认值。

精密度是指测量结果的可重复性及测量值有效数字的位数。因此测量的准确度和精密度是有区别的,高精密度不一定能保证有高准确度,但高准确度必须有高精密度来保证。

3.1.4　误差的表达方法

3.1.4.1　误差的表达方式

(1)平均偏差:$\delta = \dfrac{\sum |d_i|}{n}$ 其中 d_i 为测量值 x_i 与算术平均值 $\bar{x}$ 之差,n 为测量次数,且

$\bar{x} = \dfrac{\sum x_i}{n}, i = 1, 2, \cdots, n$。

(2)标准偏差:$\sigma = \sqrt{\dfrac{\sum d_i^2}{n-1}}$。

(3)偶然误差:$P = 0.675\sigma$。

平均偏差的优点是计算简便,但用这种误差表示时,可能会把质量不高的测量掩盖住。标准偏差对一组测量中的较大误差或较小误差比较灵敏,因此它是表示精度的较好方法,在近代科学中多采用标准偏差。

3.1.4.2　精密度的表达

(1)绝对误差:它表示了测量值与真值的接近程度,即测量的准确度。其表示方法为

$\overline{x} \pm \delta$ 或 $\overline{x} \pm \sigma$。

（2）相对误差：它表示测量值的精密度，即各次测量值相互靠近的程度。

3.1.5　可疑值的取舍

在对原始数据的处理中，对可疑测量数据进行取舍的一种简便判断方法如下叙述。根据概率论，大于 3σ 的误差出现的概率只有 0.3%，通常把 3σ 的数值称为极限误差。当测量次数很多时，若有个别测量数据误差超过 3σ，则可舍弃。此判断方法不适用测量次数不多的实验。对测量次数不多的实验，先略去可疑的测量值，计算测量数据的平均值和平均误差 $\overline{\delta}$，再算出可疑值与平均值的偏差 d，若 $d \geqslant 4\overline{\delta}$（出现这种测量值的概率约 0.1%），此可疑值可舍去。

注意：舍弃测量值的数目不能超出测量数据总数的 1/5。在相同条件下测量的数据中，有几个数据相同时，这种数据不能舍去。

3.1.6　有效数字

当对一个测量的量进行记录时，所记数字的位数应与仪器的精密度相符合，即所记数字的最后一位为仪器最小刻度以内的估计值，称为可疑值，其他几位为准确值，这样一个数字称为有效数字，它的位数不可随意增减。在间接测量中，须通过一定公式将直接测量值进行运算，运算中对有效数字位数的取舍应遵循如下规则：

（1）误差一般只取一位有效数字，最多两位。

（2）有效数字的位数越多，数值的精确度也越大，相对误差越小。

（3）若第一位的数值等于或大于8，则有效数字的总位数可多算一位，如9.23虽然只有三位，但在运算时，可以看作四位。

（4）运算中舍弃过多不定数字时，应用"4舍6入5留双"的法则。

（5）在加减运算中，各数值小数点后所取的位数，以其中小数点后位数最少者为准。

（6）在乘除运算中，各数保留的有效数字，应以其中有效数字位数最少者为准。

（7）在乘方或开方运算中，结果可多保留一位。

（8）对数运算时，对数中的首数不是有效数字，对数的尾数的位数，应与各数值的有效数字相当。

（9）算式中，常数 π、e 及乘子 $\sqrt{2}$ 和某些取自手册的常数不受上述规则限制，其位数按实际需要取舍。

3.2　物理化学实验数据表达与处理

物理化学实验数据的表示主要有如下三种方法：列表法、作图法、数学方程式法。

3.2.1　列表法

将实验数据列成表格,排列整齐,使人一目了然。这是数据处理中最简单的方法,应注意以下几点:

(1)表格要有名称,即表头。

(2)每行(或列)的开头一栏都要列出物理量的名称和单位,并把二者表示为相除的形式。因为物理量的符号本身是带有单位的,除以它的单位,即等于表中的纯数字。

(3)数字要排列整齐,小数点要对齐,公共的乘方因子应写在开头一栏与物理量符号相乘的形式,并为异号。

(4)表格中表达的数据顺序为:由左向右,由自变量到因变量,可以将原始数据和处理结果列在同一表中,但应以一组数据为主,在表格下面列出算式,写出计算过程。

3.2.2　作图法

在物理化学实验中应用作图法表达物理化学实验数据,能清楚地显示研究变量的变化规律,如极大值、极小值、转折点、周期性以及变量的变化速率等重要性质。根据表格数据作出的图形,可以将数据作进一步处理,以获得更多的信息。作图有多种方法,常用的作图方法有以下6种。

(1)求内插值:根据实验数据作出相关函数曲线,然后可以在曲线上直接读出函数相应的物理量值,如溶解度曲线。

(2)外推法:一些无法由实验测量直接得到的数据,可用作图外推法获得。外推法是根据图中曲线的发展趋势,外推至测量范围之外来获得所求的数据(极限值)。如用液体饱和蒸气压的测定实验中,须用外推法来获得环己烷的正常沸点。

(3)求极值或转折点:函数的极大值、极小值或转折点,在图形上表现得很直观。例如作环己烷–乙醇双液系相图可确定体系的最低恒沸点及恒沸物组成。

(4)求经验方程:若因变量 y 与自变量 x 之间有线性关系,表示 y 与 x 的几何图形为一条直线,直线的斜率为 m,直线对 y 轴的截距为 b。从直线的斜率和截距可求得 m 和 b 的具体数据,得到经验方程: $y=mx+b$。若自变量和因变量有指数函数的关系,进行对数转化后可得到线性关系。例如,化学动力学中的阿伦尼乌斯公式: $k=A\exp(-E/RT)$ 两边取对数: $\ln k=\ln A-E/RT$ 以 $\ln k$ 对 $1/T$ 作图,从斜率可以求出活化能 E,从截距可求出碰撞频率 A。再如,偏摩尔体积的测定、 $CaCO_3$ 分解压测定等诸多实验。

(5)作切线求函数的微商:根据实验数据作出相关函数曲线,然后作出曲线上某些点的切线,切线的斜率是该点函数的微商值,如最大泡压法测溶液表面张力的实验,求 $d\sigma/dc$。

在曲线上作切线,通常用两种方法,分别为镜像法和平行线法。

在镜像法中,若需在曲线上任一点 A 作切线,可取一平面镜(可用玻璃棒代替)垂直地放于图纸上,使镜面通过 A 点与曲线相交,映在镜面中的曲线与实际的曲线有折点[图3–1(a)],以 A 点为轴调整镜面,使映在镜面中的曲线与实际的曲线连成一光滑曲线[图

3-1(b)〕,沿镜面作直线 MN(法线),通过 A 点作 MN 的垂线 CD(切线)〔图 3-1(c)〕。

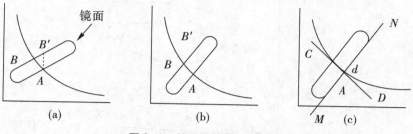

图 3-1　镜像法作切线示意图

在平行线法中,在所选择的曲线段上,作两条平行线 AB 和 CD,连接两线段的中点 M,N 并延长与曲线交于 O 点,通过 O 点作 CD 的平行线 EF,即为通过 O 点的切线,见图 3-2。

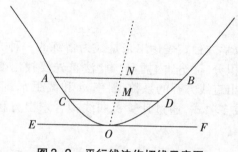

图 3-2　平行线法作切线示意图

(6)图解积分法:若图中的因变量是自变量的导数函数,当无法知道该导数函数解析表达式时,通过求图中曲线所包围的面积,可得到因变量的积分值,如差热分析实验。

作图应注意如下几点:

1)图要有图名。例如"ln-1/T"图等。

2)坐标轴,自变量为横轴,函数为纵轴。

3)在轴旁注明该轴变量的名称及单位,在纵轴的左面和横轴的下面注明刻度,不应写在坐标轴旁或代表点旁。

4)代表点:将测得数量的各点绘于图上,在点的周围画上○、×、□、△等符号,其面积之大小应代表测量的精确度,若测量的精确度大,则符号应小些,反之则大些,在一张图纸上作有数组不同的测量值时,各组测量值的代表点应用不同的符号表示,以示区别,并需在图上注明。

5)曲线:用曲线尽可能接近实验点,但不必全部通过各点,只要各点均匀地分布在曲线两侧邻近即可,一般原则为:曲线两旁的点数量近似相等;曲线与点间的距离尽可能小;曲线两侧各点与曲线距离之和接近相等;曲线应光滑均匀,如图 3-3 所示。

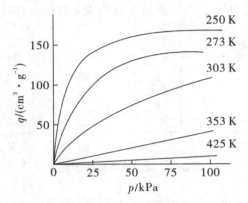

图 3-3 NH₃ 在炭上的吸附等温线

3.2.3 数学方程式法

将一组实验数据用数学方程式表达出来是最为精练的一种方法。它不但方式简单，而且便于进一步求解，如积分、微分、内插等。此法首先要找出变量之间的函数关系，然后将其线性化，进一步求出直线方程的系数、斜率 m 和截距 b，即可写出方程式。也可将变量之间的关系直接写成多项式，通过计算机曲线拟合求出方程系数，详情请参考相关专业书籍。

3.2.4 Origin 软件在物理化学实验数据处理中的应用

Origin 软件是美国 OriginLab 公司推出的数据分析和绘图软件。该软件不仅包括计算、统计、直线和曲线拟合等各种完善的数据分析功能，而且提供了几十种二维和三维绘图模板，其功能强大，是当今世界上最著名的科技绘图和数据处理软件之一。该软件在使用上，采用直观的、图形化的、面向对象的窗口菜单和工具栏操作，容易上手，是公认的简单易学、操作灵活快速的工程制图软件，可以满足一般用户及高级用户的制图需要、数据分析和函数拟合的需要。因此在世界各国科技工作者中使用较为普遍。

用 Origin 软件处理化学实验数据，不用编程，只要输入测量数据，然后再选择相应的菜单命令，点击相应的工具按钮，即可方便地进行有关计算、统计、作图、曲线拟合等处理，操作简便快速。Origin 软件的主要功能和用途包括：对实验数据进行常规处理和一般的统计分析，如计数、排序、求平均值和标准偏差、t 检验、快速傅里叶变换、比较两列均值的差异、进行回归分析等。此外，还可用数据作图，用图形显示不同数据之间的关系，用多种函数拟合曲线等，下面以 Origin Pro7.5 版本应用为例。

3.2.4.1 操作界面

(1)鼠标左键双击文件夹 📊 origin75.exe 图标，若双击打不开，可右击选择"以管理员身份运行(A)"也可打开。

(2)弹出即为 Origin 软件操作界面，如图 3-4 所示。

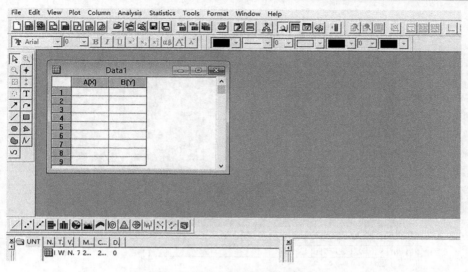

图 3-4　Origin 软件操作界面图

（3）Origin 软件操作界面分为如下几个区域，如图 3-5 所示。

图 3-5　Origin 软件操作界面区域图

　　其中下拉式菜单栏包括【File】【Edit】【View】【Plot】等十个菜单项，每一项下均有若干命令；工具栏中各项和各个快捷按钮可由用户根据需要，用【View】/【Toolbars】命令来调整。

　　用户可将鼠标置于每个快捷按钮和每条菜单命令上片刻，即可弹出简短标注，同时在最下列状态栏上显示该命令和按钮的功能简介；输入数据表为用户进行数据处理时数据的输入端口，打开该软件时，默认数据表"Data 1"自动弹出，用户可用【File】/【New】/【Worksheet】命令或点击常用工具栏中按钮，打开新输入数据表，若数据表中数列表数目不足，可用【Column】/【Add New Columns】命令执行，也可点击常用工具栏中的　增加数列表数目，如图 3-6 所示。

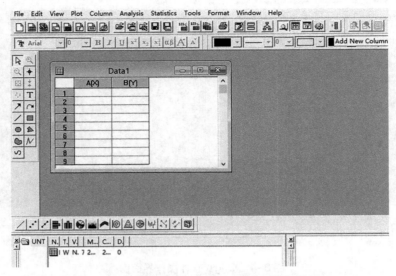

图 3-6　Origin 软件增加数据列表数目操作界面图

3.2.4.2　线性拟合(Linear Fit)

(1)打开一新输入数据表格"Data1",即可输入对应的 x_i-y_i 实验数据,其中 A 列默认为 X,B 列默认为 Y。用箭头键或鼠标移动光标至每一单元格,分别键入粘贴相应 x_i、y_i 实验数据,如图 3-7 所示。

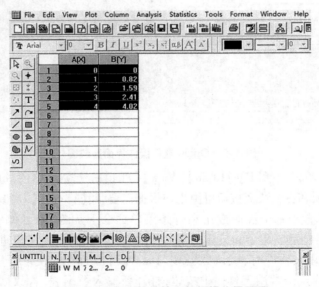

图 3-7　Origin 软件输入数据操作界面图

（2）数据输入完毕后，将两列数据全部选中，用鼠标选择【Plot】/【Scatter】命令或左下角 图标，会出现散点图，如图 3-8 所示。

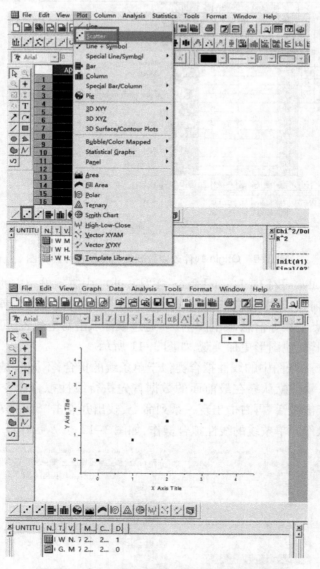

图 3-8　Origin 软件绘制散点图的操作界面图

（3）若同时有多个数据表共存时，用户需注意选择目标数据表，如本例选择"Worksheet"中"Data1"；若想改变数列表名称，如将数列表 C（Y）改为 X，需选中 C（Y），左点击执行【Set As】/【X】命令即可，此时 C（Y）变成 C（X2）。注意作图时 X 和 Y 数据一定要对应，如图 3-9 所示。

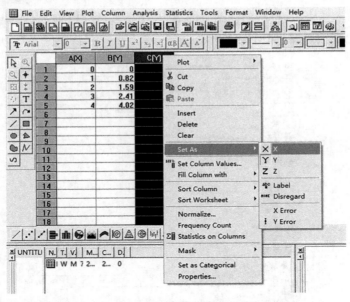

图 3-9　Origin 软件改变数列表名称的操作界面图

（4）选择【Analysis】/【Fit Linear】命令，在"Graph1"中表示出相应的拟合直线，也弹出对应的"Results"窗口，其中包括拟合直线方程中 A、B 常数值及其偏差、相关系数 R 值、标准偏差及数据点个数等信息，如图 3-10。通过鼠标双击对应位置，可对点的大小、线的粗细、字体进行编辑，使图形更加美观，如图 3-11 所示。

（5）多条线于一张图中的线性拟合类似于单条线的拟合，不同的是，这些数据不能同时进行线性拟合，软件默认靠在最前面的数据首先执行线性拟合命令，对于未进行线性拟合的数据，先点击激活，再右击出现一系列命令，找出并点击"Set as Active"再进行线性拟合即可，其他操作同单条线的线性拟合操作，如图 3-12。

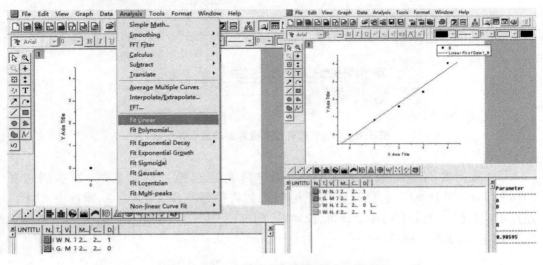

图 3-10　Origin 软件线性拟合的操作界面图

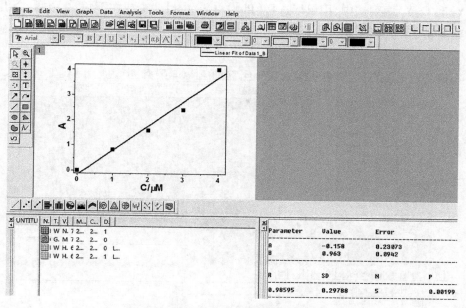

图 3-11　Origin 软件修饰后的图

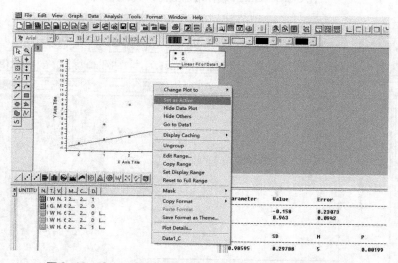

图 3-12　Origin 软件多条线于一张图中的线性拟合操作图

3.2.4.3　二元相图的绘制(即双纵坐标图的绘制)

(1)打开一新输入数据表,选择下拉式菜单【Column】/【Add New Columns】命令,弹出"Add New Columns"对话框,键入"2",点击"OK"按钮,如图 3-13 所示,即可在原表格中添加两列 C(Y)和 D(Y)。

(2)移动光标至每个单元格,分别键入实验所测定的平衡温度、液相及气相的组成,其中 A(X)应键入平衡温度数据,B(Y)和 C(Y)应键入液相或气相组成数据;拖动鼠标将 B(Y) 和 C(Y) 两列选中,用鼠标选择【Plot】/【Scatter】命令或左下角 图标,会出现散点图,如图 3-14 所示。

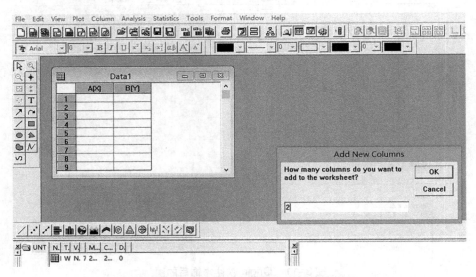

图 3-13　Origin 软件增加数据列数的操作图

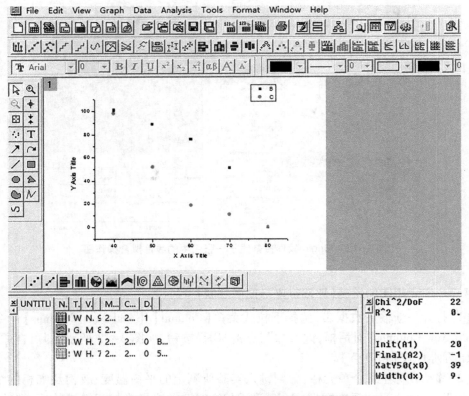

图 3-14　Origin 软件绘制二维图形散点图的操作图

（3）选择点击"二维图形工具栏"中按钮（若无此按钮，可选择下拉式菜单【View】/【Toolbars…】命令，在弹出的"Customize Toolbar"对话框中选择"Toolbars"标签，选择"2D Graphs Extended"，即可在工具栏中添加包括此按钮在内的多个二维图形工具快捷按钮），即可弹出双纵坐标图形，不同列数据以不同颜色直线连接和不同的数据点符号加以区分，不同列数据对应不同颜色纵坐标，如图 3-15 所示。

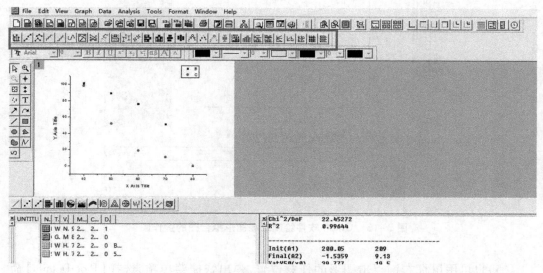

图 3-15　Origin 软件绘制二维图形的操作图

（4）点击二维图形工具快捷按钮中的【Spline Connected】命令，即可出现光滑的相图，如图 3-16 所示。

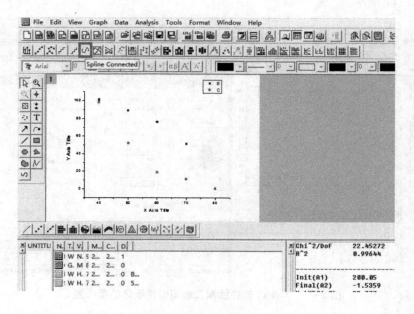

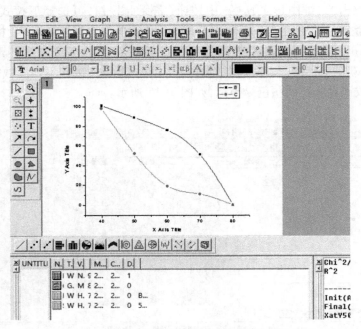

图 3-16 Origin 软件绘制二维图形拟合图的操作图

(5)也可用鼠标右键点击图形的任意位置,弹出快捷菜单项,选择【Plot Details】命令;弹出"Plot Details"对话框,进行修改。

(6)用鼠标分别双击纵坐标,在弹出的"Y Axis-Layer 1"属性框中将"Scale"标签中的"From"和"To"参数分别改为 0 和 100,然后"确定",可将纵坐标刻度设定为从 0 到 100,如图 3-17 所示。

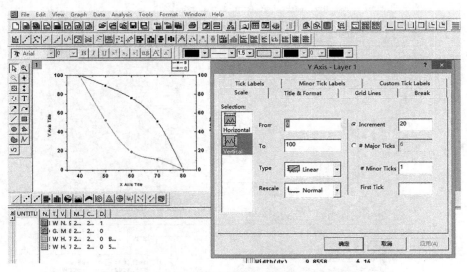

图 3-17 Origin 软件绘制二维图形精细化的操作图

（7）继续点击"Y Axis–Layer 1"属性框中将"Title & Format"标签中可分别对四个方向上坐标轴的字体、模式等进行修改。

（8）双击曲线，出现"Plot Details"对话框，可分别点击"Line"修改曲线的宽度和颜色，点击"Symbol"修改曲线上数据点的大小。

（9）双击 X 轴和 Y 轴上的文本标准进行修改，进一步完善相图。将 X 轴和两个 Y 轴的文本标注进行修改，其中若修改文本方向，可点击选中该文本，再右击出现相应对话框，在"Rotate"中输入旋转的角度即可，同时该对话框也可进行修改字体等，进一步完善二元相图。

3.2.4.4　图形的叠加（以两条拟合直线叠加为例）

（1）建立两条拟合直线（可先建立一条直线，再点击"File"中的"worksheet"进行第二条直线的建立），打开相应图形窗口（如 Graph1 和 Graph2），如图 3–18 所示。

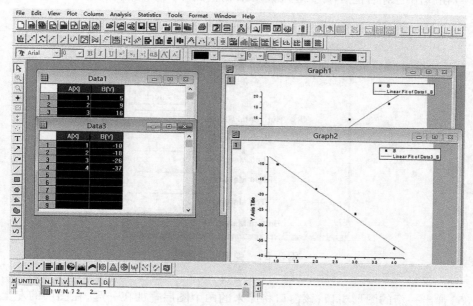

图 3–18　Graph1 和 Graph2 图形窗口

（2）激活任意窗口（如 Graph2），点击工具栏中"Merge"按钮，弹出"Attention"对话框，选择"是"将保留原来的图形窗口；选择"否"将不保留原来的图形窗口，如图 3–19 所示。

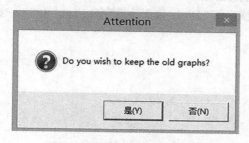

图 3–19　"Attention"对话框

（3）若选择"是"，则弹出如图 3-20 对话框，在"Number of Rows"中键入"2"，按"OK"键。

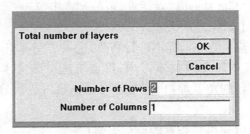

图 3-20　相应对话框

（4）在弹出的对话框各项中键入数字来调整图形大小，然后按"OK"键，如图 3-21 所示。

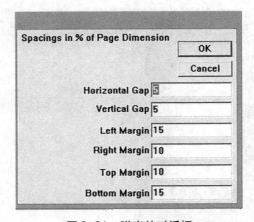

图 3-21　弹出的对话框

（5）弹出一新的图形窗口，该窗口将原来的两个图层叠加在一起，在图层的左上角有两个图层的控制按钮，如图 3-22 所示。

（6）选择图层 1（将控制按钮 1 按下），双击图形坐标，弹出"Y Axis-Layer 1"对话框，选择"Scale"标签。鼠标点击选中"Vertical"。将纵坐标的刻度"From"和"To"设定为"-40"和"25"；同理，将横坐标"Horizontal"的刻度"From"和"To"设定为"0"和"5"。

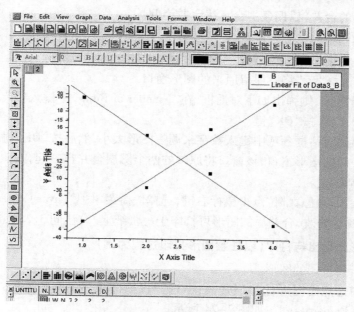

图 3-22　叠加图形窗口

（7）按照同样的方法，对图层 2 的横纵坐标的刻度进行处理，用鼠标拖动直线的标注至合适位置并可对横纵坐标标注进行必要的修改，如图 3-23 所示。

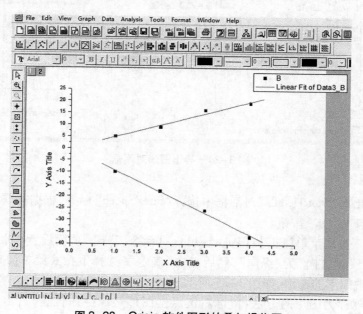

图 3-23　Origin 软件图形的叠加操作图

3.2.4.5 图形的合并(以四条拟合直线合并为例)

(1)建立四条拟合直线图形窗口[方法同3.2.4.4(1)],同时打开。

(2)激活任意窗口,点击工具栏中按钮,弹出"Attention"对话框,选择"是"将保留原来的图形窗口;选择"否"将不保留原来的图形窗口。

(3)若选择"是",则弹出如下对话框,在"Number of Rows"中键入"2",在"Number of Columns"中键入"2",按"OK"键。

(4)在弹出的对话框各项中键入数字来调整图形大小,然后按"OK"键。

(5)弹出一新的图形窗口,该窗口将原来的两个图层合并在一起,在图层的左上角有两个图层的控制按钮。

(6)用户在图形任意部位点击鼠标右键,选择快捷菜单中"Layer Contents…",可实现对每个图层的属性修改,合并后的图形可打印于一张纸上[方法同3.2.4.4(7)]。

3.2.4.6 图形的导出与打印(以任意图形打印过程为例)

(1)打开所要打印的图形。

(2)鼠标右键点击图形任意位置,右击选择快捷命令"Layer Contents…",弹出对话框,选择"Layer Properties…",如图3-24所示。

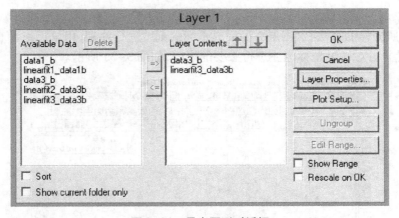

图3-24 导出图形对话框

(3)在弹出的"Plot Details"对话框中选择"Size/Speed"标签,根据需要键入数字调整图层大小等,点击"OK"按钮。

(4)选择下拉式菜单【File】/【Page Setup…】命令,弹出"页面设置"对话框,选择"纸张大小"为"B5","方向"为"纵向",然后点击"确定",选择下拉式菜单【File】/【Print…】命令,即可实现图形的输出,如图3-25所示。

(5)图形保存为图片的方法:鼠标右键点击图形边缘空白位置,右击选择快捷命令"Export Page",弹出对话框,选择图片保存位置,命名文件名和选择图片类型,可选中对话框最下面"Show Export Opinion",进行图片分辨率的修改。事后可在 Photoshop 等软件中进行合并、修改等操作。

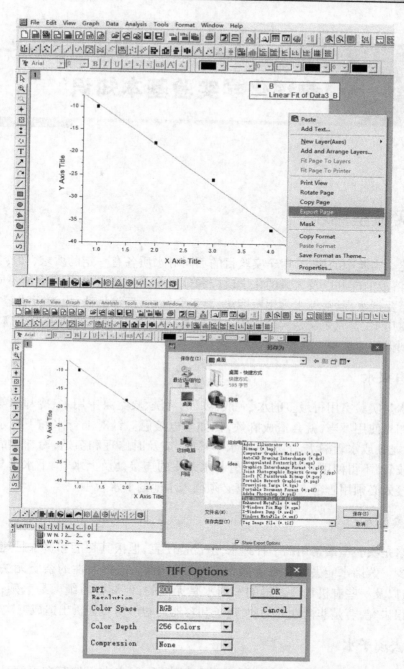

图 3-25　Origin 软件导出图形及分辨率设置操作图

第4章 物理化学实验基本知识

4.1 实验室用水

物理化学实验中的用水,由于实验目的不同对水质各有一定的要求,如冷凝作用、仪器的洗涤、溶液的配制以及大量的化学反应和分析等,对水质的要求都有所不同。

因此需要把水提纯,纯水常用蒸馏法、离子交换法、反渗透法、电渗析法等方法获得。了解实验室用水,首先要清楚实验室用水的种类,用蒸馏法制得的纯水叫蒸馏水,用离子交换法等制得的纯水叫去离子水。

4.1.1 自来水

自来水是实验室用得最多的水,一般器皿的清洗、真空泵中用水、冷却水等都是用的自来水。如果使用不当,就会造成麻烦,比如与电接触。针对上行水和下行水出现的故障,比如水龙头或水管漏水、下水道排水不畅时,应及时修理和疏通;冷却水的输水管必须使用橡胶管,不得使用乳胶管,上水管与水龙头的连接处及上水管、下水管与仪器或冷凝管的连接处必须用管箍夹紧,下水管必须插入水池的下水管中。

4.1.2 蒸馏水

蒸馏水是实验室最常用的一种纯水,虽设备便宜,但极其耗能和费水且速度慢,应用会逐渐减少。蒸馏水能去除自来水内大部分的污染物,但挥发性的杂质无法去除,如二氧化碳、氨以及一些有机物。新鲜的蒸馏水是无菌的,但储存后细菌易繁殖;此外,储存的容器也很讲究,若是非惰性的物质,离子和容器的塑形物质会析出造成二次污染。

4.1.3 去离子水

应用离子交换树脂去除水中的阴离子和阳离子,但水中仍然存在可溶性的有机物,可以污染离子交换柱从而降低其功效,去离子水存放后也容易引起细菌的繁殖。

4.1.4 反渗水

其生成的原理是水分子在压力的作用下,通过反渗透膜成为纯水,水中的杂质被反渗透膜截留排出。反渗水克服了蒸馏水和去离子水的许多缺点,利用反渗透技术可以有效去除水中的溶解盐、胶体、细菌、病毒、细菌内毒素和大部分有机物等杂质,但不同厂家生产的反渗透膜对反渗水的质量影响很大。

4.1.5　超纯水

其标准电阻率为 18.2 MΩ·cm。但超纯水在总有机碳、细菌、内毒素等指标方面并不相同,要根据实验的要求来确定,如细胞培养则对细菌和内毒素有要求,而液相色谱则要求总有机碳低。

4.1.6　电导水

实验室中用来测定溶液电导时所用的一种纯水,除含 H^+ 和 OH^- 外不含其他物质,电导率应为 $1 \times 10^6\ \Omega^{-1} \cdot cm^{-1}$。

4.2　实验室测温技术

4.2.1　玻璃温度计

利用介质热胀冷缩,定压下体积随温度变化,定容下蒸气压随温度变化,均可制造成相应的温度计。

(1)水银温度计:热导率大,比热小,胀缩系数均匀,容易提纯,不黏附于玻璃,有较宽测温范围($-35 \sim 360\ ℃$)。

(2)玻璃水银贝克曼温度计:是重要的可调式温度计,最小刻度至 0.01 ℃,视测量需要可在$-5 \sim 120\ ℃$范围内调节,显示较高精度的温差变化。还有广泛用于量热测定的间隔仅 1 ℃、最小分度 0.002 ℃的分段式玻璃水银温度计。

(3)酒精玻璃温度计:内装红色液体,易读、价廉,但线性较差。

(4)氧气或氮气温度计:利用饱和蒸气压对于温度的函数关系制成的,可用于低温测量。

4.2.2　热电偶温度计

充当温度变换器,将温度的变化转变为电信号,特点是装配简单,更换方便,压簧式感温元件,抗震性能好,测量范围大($-200 \sim 1300\ ℃$,特殊情况下$-270 \sim 2800\ ℃$),机械强度高,耐压性能好,耐高温(可达 2800 ℃)。

4.2.3　实验室常用恒温方法

(1)0 ℃以上,100 ℃以下采用水浴。

(2)超过 100 ℃用液体石蜡或蒸气压较低的气缸油等油类,即油浴。

（3）高温则用沙浴、盐浴、金属浴或空气恒温槽等。

4.3 移液器的使用

移液器是实验室常用量取液体体积的便携仪器,它是通过弹簧的伸缩运动来实现吸液和放液,其加样体积范围为 $1~\mu L \sim 10~mL$。但是,移液器不适宜移取高黏稠度液体和挥发性较大的液体。需要注意的是,错误的使用习惯易造成移液器精度不准,甚至移液器内部腐蚀等。

4.3.1 移液器漏气检查

移液器漏气会造成移取液体体积不准,使用前需检查移液器是否漏气。可以通过目视法检查,将吸取液体后的移液器垂直静置 15 s,观察是否有液滴缓慢流出。若有流出,说明有漏气现象,原因可能是吸头不匹配,应该使用原装匹配的吸头;或装配吸头时没上紧,应该注意装配吸头的方法;或移液器内部气密性不好,量程不准,应该请仪器厂商工程师处理或使用原装吸头校准。

4.3.2 移液器使用方法

（1）吸头安装。把移液器顶端插入吸头（无论是散装吸头还是盒装吸头都一样）,在轻轻用力下压的同时,左右微微转动,上紧即可。

（2）移液体积设定。通过旋转按钮将体积值迅速调整至自己的预想值即可,建议移液量在吸头的 35% ~ 100% 量程范围内。

（3）吸头润洗。应该把需要转移的液体吸取、排放两到三次,可让吸头内壁形成一道同质液膜,确保移液工作的精度和准度,使整个移液过程具有极高的重现性。

对常温样品,吸头润洗有助于提高准确性;但是对于高温或低温样品,吸头润洗反而降低操作准确性,请使用者特别注意。

在吸取有机溶剂或高挥发液体时,挥发性气体会在白套筒室内形成负压,从而产生漏液的情况,这时需要我们预洗四到六次,让白套筒室内的气体达到饱和,负压就会自动消失。

黏稠液体可以通过吸头预润湿的方式来达到精确移液,先吸入样液,打出,吸头内壁会吸附一层液体,使表面吸附达到饱和,然后再吸入样液,最后打出液体的体积会很精确。

（4）吸液。先将移液器排放按钮按至第一停点,吸头浸入角度控制在倾斜20°之内,保持竖直为佳,浸入的深度不可过深,浸入的深度参考表4-1;移液操作应保持平顺、合适的吸液速度;过快的吸液速度容易造成样品进入套柄,带来活塞和密封圈的损伤以及样品的交叉污染;同时要注意液面,以免液面过浅吸空,造成液体吸入枪内。

表4-1 移液器规格与吸头浸入深度对应的关系

移液器规格	吸头浸入深度
2 μL、10 μL	1 mm
20 μL、100 μL	2~3 mm
200 μL、1000 μL	3~6 mm
5000 μL、10 mL	6~10 mm

(5)放液。放液时,吸头紧贴容器壁,先将排放按钮按至第一停点,略停顿后,再按至第二停点,这样做可以保证吸头内无残留液体。如果这样操作后还有残留液体存在的话,就应该更换吸头。

正向吸液:操作时吸液可将按钮按到第一挡吸液,释放按钮。放液时先按下第一停点,打出大部分液体,再按下第二停点,将余液排出。

反向吸液:吸液时将按钮直接按到第二停点再释放,这样会多吸入一些液体,打出液体时只要按到第一停点即可。多吸入的液体可以补偿吸头内部的表面吸附,反向吸液一般与预润湿吸液方式结合使用,适用于黏稠液体和易挥发液体。

(6)卸掉吸头。卸掉的吸头一定不能和新吸头混放,以免产生交叉污染。移液器用完后调回最大量程。

4.3.3 移液器的维护保养

如不使用,要把移液器的量程调至最大值的刻度,使弹簧处于松弛状态以保护弹簧。最好定期清洗移液器,可以先用肥皂水或60%的异丙醇清洗,再用蒸馏水清洗,自然晾干。高温消毒之前,要确保移液器能适应高温。

校准时可以在20~25 ℃环境中,通过重复几次称量蒸馏水的方法来进行。

4.4 实验室高压气体钢瓶的使用规则

气体钢瓶是储存压缩气体的特制的耐压钢瓶,存放不同气体钢瓶的瓶身和瓶身上标字的颜色具有规定(表4-2)。不同气体使用时,通过减压阀(气压表)有控制地放出气体。由于钢瓶的内压很大(有的高达15 MPa),而且有些气体易燃或有毒,所以在使用钢瓶时要注意安全。

表4-2　我国气瓶常用标记一览表

气体类别	N$_2$	O$_2$	H$_2$	NH$_3$	CS$_2$	Cl$_2$	空气	其他一切可燃气体	其他一切不可燃气体
瓶身颜色	黑	天蓝	深绿	黄	黑	黄绿	黑	红	黑
标字颜色	黄	黑	红	黑	黄	黄	白	白	黄

4.4.1　高压气瓶的搬运、存放和充装注意事项

（1）在搬动存放气瓶时,应装上防震垫圈,旋紧安全帽,以保护开关阀,防止其意外转动和减少碰撞。

（2）搬运充装有气体的气瓶时,最好用特制的担架或小推车,也可以用手平抬或垂直转动。但绝不允许用手执着开关阀移动。

（3）充装有气的气瓶装车运输时,应妥善加以固定,避免途中滚动碰撞;装卸车时应轻抬轻放,禁止采用抛丢、下滑或其他易引起碰击的方法。

（4）充装有互相接触后可引起燃烧、爆炸气体的气瓶(如氢气瓶和氧气瓶),不能同车搬运或同存一处,也不能与其他易燃易爆物品混合存放。

（5）气瓶瓶体有缺陷、安全附件不全或已损坏,不能保证安全使用的,切不可再送去充装气体,应送交有关单位检查合格后方可使用。

4.4.2　高压气瓶使用原则

（1）高压气瓶必须分类分处保管,直立放置时要固定稳妥;气瓶要远离热源,避免曝晒和强烈振动;一般实验室内存放气瓶量不得超过两瓶。

（2）高压气瓶上选用的减压器要分类专用,安装时螺扣要旋紧,防止泄漏;开、关减压器和开关阀时,动作必须缓慢。

（3）使用时先逆时针打开钢瓶总开关,观察高压表读数;然后顺时针转动低压表压力调节螺杆,使其压缩主弹簧将阀门打开。这样进口的高压气体由高压室经节流减压后进入低压室,并经出口通往工作系统。使用后,先顺时针关闭钢瓶总开关,再逆时针旋松减压阀。切不可只关减压器,不关开关阀,如图4-1所示。

（4）使用高压气瓶时,操作人员应站在与气瓶接口处垂直的位置上。操作时严禁敲打撞击,并经常检查有无漏气,应注意压力表读数。

（5）氧气瓶或氢气瓶等,应配备专用工具,并严禁与油类接触。操作人员不能穿戴沾有各种油脂或易感应产生静电的服装手套操作,以免引起燃烧或爆炸。

（6）可燃性气体和助燃气体气瓶,与明火的距离应大于10 m(确难达到时,可采取隔离等措施)。

（7）用后的气瓶,应按规定留0.05 MPa以上的残余压力。可燃性气体应剩余0.2～0.3 MPa,H$_2$应保留2 MPa,以防重新充气时发生危险,不可用完用尽。

（8）各种气瓶必须定期进行技术检查。充装一般气体的气瓶三年检验一次;如在使

用中发现有严重腐蚀或严重损伤的,应提前进行检验。

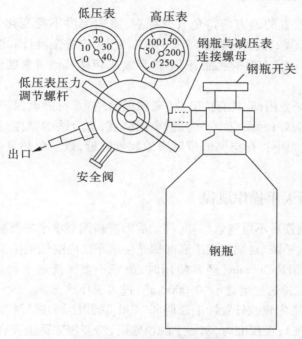

图 4-1　钢瓶减压阀示意图

4.5　质量的测定

质量的测定需要使用天平来完成,电子分析天平是化学实验室常用的仪器,需熟练掌握其使用方法。电子分析天平是基于电磁力平衡原理制成的,称量物体时,其在几秒内即可达到平衡,具有性能稳定、使用简便、称量快速、灵敏度高等特点。此外,电子分析天平还具有自动校准、自动去皮、自动调零等功能。

4.5.1　电子分析天平基本参数

(1)精度:是指每次读数的误差最大值。对于万分之一天平,其精度为 0.1 mg,由于每次称样要读取两次,所以最大称量误差为 0.2 mg。天平精度越高,对称量条件要求越高。

(2)最大允许承载质量:指天平一次最大能称取的质量,不同的天平具有不同的最大允许承载质量,要禁超载,因此要根据称样量选择合适的分析天平。

4.5.2 天平放置位置要求

电子分析天平放置的地方应避免日光照射,室内温度不能变化太大,保持在 20 ~ 30 ℃ 为宜;室内要干燥,保持湿度在 45% ~60% 为宜(应备温度计和湿度计);电源要求相对稳定;除存放与称量有关的物品外,不得存放或转移其他有腐蚀性或挥发性的液体和固体。

称重台应为天平专用;应具有抗磁性(非铁板制品)及抗静电保护(非塑料或玻璃制品),以混凝土结构为好;台面应水平光滑,牢固防震,有合适的操作高度和宽度;应避免阳光和照明灯直射,也不得在空调或带风扇的装置附近,以避免热量及强烈气流影响称重结果。

4.5.3 电子分析天平操作规程

(1)电子天平放置后不可随意移动(移动后需重新调节水平并校准)。

(2)开机前应水平调节:调节天平底部螺丝使水平仪内空气泡位于圆环的中央。

(3)接通电源,预热 30 min(经常使用时,最好一直保持通电状态);开机:按"ON/OFF"键,天平进行自检通过后显示"0.0000 g",进入工作状态。

(4)校准:可利用内置或外置标准砝码和"CAL"键对天平进行校准(定期校准即可,无须每次开机都校准);在校准时,勿徒手触摸砝码,勿使用表面上存在灰尘或水的砝码;勿使用磨蚀性或腐蚀性化学品清洁;不要低估静电力等。

(5)称量:根据情况采用增量或减量的方式进行称量。

(6)称量结束后,按"ON/OFF"键关闭显示器,套好防尘罩并在登记本上登记后方可离开(若马上有其他同学使用,只需登记后即可离开)。

4.5.4 天平使用注意事项

(1)称重前应显示"0.0000",否则按清零键,以防零点误差。

(2)放在秤盘上的实验器皿必须洁净干燥且质量轻,体积小,严禁超过天平的最大承载质量。

(3)实验器皿或样品应放在秤盘中间(避免四角误差)。

(4)尽量避免样品洒落在天平内,若洒落按规定及时清理。

(5)称量时应取出干燥剂,完毕后再放入。

(6)称量固体样品时只需开关防风罩侧门,动作要轻,读数时必须关闭侧门等待数据稳定。

(7)容器及样品必须与天平温度相近。

(8)称取腐蚀性或吸湿性(挥发)样品需在密闭容器中进行。

4.5.5 称量方法

(1)直接法。操作:天平显示"0.0000 g"(必要时按清零键),然后将被称物直接放在秤盘上,稳定后读数即所称样品质量。

适用对象:洁净干燥的器皿、棒状或块状金属及其他整块不易潮解或升华的固体样品(除此之外的样品不能直接放在秤盘)。

注意:不宜用手直接取放被称取物。

(2)增量法。操作:将洁净干燥的实验器皿如小烧杯或称量纸等放在秤盘上,待读数稳定后按清零键使读数为"0.0000",然后将所需样品转移到实验器皿内(通常采用小药勺),读数所示质量即所称样品质量。

适用对象:性质稳定的颗粒或粉末状样品;若颗粒足够小且操作仔细,可进行指定质量的称取。

注意:放入秤盘的器皿必须洁净干燥,质量适当,不能用手直接接触。

(3)减量法。操作:将装有足够试样的称量瓶放在秤盘中央,待读数稳定后按清零键使读数为"0.0000",转移所需质量样品至锥形瓶等实验器皿中(不能用药勺),再次将称量瓶放到秤盘上,读数稳定后显示的质量(负值)即为转移出物质的质量。

适用对象:性质稳定或略易吸潮或吸收 CO_2 的颗粒或粉末状样品;直接放入锥形瓶的样品(转移出的质量较难精确控制,不能进行指定质量的称取)。

注意:必须用纸条套住称量瓶的瓶身及瓶盖;过量需重新称量。

4.6　折射率

4.6.1　物质折射率与浓度的关系

折射率是物质重要的物理常数之一,测定物质的折射率可定量求出该物质的浓度或纯度。许多有机物具有一定的折射率,若纯物质中含有杂质会影响其折射率,杂质越多,影响越大。折射率的变化与溶液的浓度、温度、溶剂、溶质的性质及它们的折射率等有关,当其他条件固定时,一般地,当溶质的折射率小于溶剂的折射率时,浓度越大,折射率越小,反之亦然。通过测定物质的折射率,可求出物质的浓度,具体方法是分别测定一系列标准溶液的折射率,作出折射率-浓度的标准曲线,再于同样条件下,测定待测溶液的折射率,根据标准曲线即可求出待测溶液的浓度。

此外,通过测定物质的折射率,还可求出物质的摩尔折射度,反映极性分子的偶极矩,有助于研究物质的分子结构。

实验室常用阿贝折光仪测定物质的折射率,其可测定液体和固体物质的折射率。

4 6.2　温度和压强对折射率的影响

温度会影响液体的折射率,多数液态有机物当温度每增高 1 ℃时,其折射率下降 $3.5×10^{-4} \sim 5.5×10^{-4}$。纯水的折射率在 15 ~ 30 ℃之间,温度每增高 1 ℃,其折射率下降 $1×10^{-4}$。若测量时要求准确度为 $±1×10^{-4}$,测定温度应控制在 $(t±0.1)$ ℃,此时应使用超级恒温槽。

压强对折射率也有影响,但不明显,只有在精密测量中才考虑压强的影响。

4.7 介电常数

4.7.1 介电常数与浓度的关系

介电常数是一个重要的物理量,其定义为:

$$\varepsilon = \frac{C}{C_0} \tag{4-1}$$

式中,C_0为电容器两极间处于真空时的电容量;C为充以电解质时的电容量。

对溶液来说,介电常数与溶液的浓度有关,对稀溶液,可近似表示为:

$$\varepsilon_溶 = \varepsilon_1(1 + \alpha X_2) \tag{4-2}$$

式中,ε_1为溶剂的介电常数;$\varepsilon_溶$、X_2分别为溶液的介电常数和溶质的摩尔分数;α为常数。

由上式可知:稀溶液的介电常数与浓度呈线性关系。

4.7.2 稀电解质溶液浓度的测定

(1)配制一系列已知浓度的标准溶液,分别测定其介电常数。

(2)作$\varepsilon_溶$-X_2标准曲线。

(3)于同样条件下,测定未知溶液的介电常数,利用标准曲线求出未知溶液的摩尔分数。

4.7.3 电容测定原理

测定介电常数常使用小电容仪,该仪器体积小,操作方便,数字显示。以PCM-1A为例,其测定原理如图4-2所示。

电容平衡条件为:

$$C_x/C_s = U_s/U_x \tag{4-3}$$

测量C_x的精度取决于作比较用的标准元件C_s和比臂分压比U_s/U_x。C_x为电容池两极间实测电容,C_s是标准的差动电容,调节C_s,只有当$C_s = C_x$时,$U_s = U_x$。此时指示器放大器输出趋向零,C_s可读出,C_x就可求出。

由于在小电容测量仪测定电容时,除电容池两极间的电容C_c外,整个测定系统中还有分布电容C_d的存在,因此实测电容应为C_c与C_d的和,即:

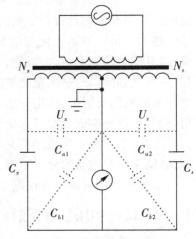

图4-2 电容电桥原理图

$$C_x = C_c + C_d \tag{4-4}$$

C_c 随所测物质而异，但是对一台电容仪来说，其 C_d 是一定值，因此需先测出 C_d 值，并在后续测定中扣除 C_d 值，才能得到待测物质的电容 C_c。

其测定方法是先测定一已知介电常数 $\varepsilon_{标}$ 的标准物质的电容 $C'_{标}$，则：

$$C'_{标} = C_{标} + C_d \tag{4-5}$$

当不放样品时，所测电容 $C'_{空气}$ 为：

$$C'_{空气} = C_{空气} + C_d \tag{4-6}$$

上述两式相减，得：

$$C'_{标} - C'_{空气} = C_{标} - C_{空气} \tag{4-7}$$

已知标准物质介电常数 $\varepsilon_{标}$ 为电解质的电容与真空时的电容之比，若把空气的电容近似看作真空时的电容，得：

$$\varepsilon_{标} = C_{标}/C_{空气} \tag{4-8}$$

所以式（4-7）可变为：

$$C'_{标} - C'_{空气} = \varepsilon_{标}C_{空气} - C_{空气} = C_{空气}(\varepsilon_{标}-1) \tag{4-9}$$

$$C_{空气} = (C'_{标} - C'_{空气})/(\varepsilon_{标}-1) \tag{4-10}$$

$$C_d = C'_{空气} - C_{空气} = C'_{空气} - (C'_{标} - C'_{空气})/(\varepsilon_{标}-1) \tag{4-11}$$

式中，$C'_{空气}$ 为实测的两极间空气的电容；$C_{空气}$ 为计算出来的电容；$C'_{标}$ 为标准物质的实测电容；$\varepsilon_{标}$ 为标准物质的介电常数。

4.8　旋光度

自然界中有许多物质具有旋光性，当平面偏振光通过具有旋光性物质时，它们会使偏振光的振动面旋转至某一角度，使偏振光的振动面向左旋的物质称为左旋物质，向右旋的物质称为右旋物质。因此，可通过测定物质旋光度的方向和大小鉴定物质。

4.8.1　旋光度与物质浓度的关系

测量物质旋光度所用的仪器称为旋光仪。溶液的旋光度与溶液中所含旋光物质的旋光能力、溶剂性质、溶液浓度、样品管长度、光源波长及温度等均有关。当其他条件均固定时，旋光度 α 与反应物浓度 c 呈线性关系，即

$$\alpha = Kc \tag{4-12}$$

式中，比例常数 K 与物质旋光能力、溶剂性质、样品管长度、光源波长、温度等有关。

4.8.2　比旋光度

物质的旋光能力可用比旋光度来度量，比旋光度用下式表示：

$$[\alpha]_D^{20} = \frac{\alpha \cdot 100}{l \cdot c_A} \tag{4-13}$$

式中,"20"表示实验时温度为 20 ℃;D 为用钠灯光源 D 线的波长(即 589 nm);α 为测得的旋光度;l 为样品管长度(dm);c_A 为浓度(g/100 mL)。

4.8.3 影响旋光度的因素

(1)溶剂。溶剂的多少会影响旋光物质的浓度,旋光物质浓度的大小会影响旋光度。不同溶剂可能也会影响旋光度,因此在测定比旋光度时,应指明使用的溶剂,若不说明,则表示该溶剂是水。

(2)温度。温度升高,会使旋光管变长,液体密度降低。温度变化可能还会导致分子间发生缔合或离解,改变溶液的旋光度。因此测定旋光度时必须恒温。

(3)浓度。在其他实验条件不变的情况下,旋光物质的旋光度通常与旋光物质的浓度成正比,因为可视比旋光度为常数,但是旋光度并非与浓度之间遵循严格的线性关系,所以比旋光度并不是常数,在给出比旋光度时,要说明溶液的浓度。

(4)旋光管长度。根据比旋光度计算式可知:旋光度与旋光管长度成正比,旋光管长度越长,测定的旋光度越大,当测得浓度较低或旋光能力弱的溶液时,可采用长度较长的旋光管。

4.9 吸光度

在化学实验中,我们通常测定的波长范围是 200 ~ 800 nm,其中 400 ~ 800 nm 称为可见区;200 ~ 400 nm 称为紫外区,由于玻璃对 300 nm 以下的光具有强烈吸收,需使用石英比色皿。

4.9.1 吸光度与浓度的关系

在一定波长下,溶液中某一物质对单色光吸收的程度与其浓度成正比,即朗伯-比尔定律:溶液的吸光度(A)与吸光物质的浓度(c)及溶液厚度(l)成正比。

$$A = \lg \frac{I_0}{I} = kcl \qquad (4-14)$$

4.9.2 溶液浓度的测定

(1)吸收曲线的测定:测定待测样品在不同波长下的吸光度 A,以吸光度 A 对波长作图,找出最大吸收波长,即为该样品的特征吸收波长。

(2)标准曲线的测定:配制一系列样品标准溶液,测定各标准溶液在特征吸收波长下的吸光度,以 A 对各标准溶液的浓度 c 作图,得到该样品的标准曲线。

(3)测定待测样品在特征吸收波长下的吸光度,将测定的吸光度与标准曲线对照,可求出待测样品的浓度。

4.9.3　分光光度计的结构

分光光度计的结构一般由五部分组成,如图4-3所示。

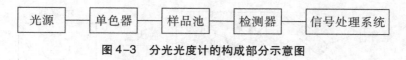

图4-3　分光光度计的构成部分示意图

光源通常使用钨灯或氢灯,发射出连续光谱。单色器的作用是把光源发射的复合光分成单色光。样品池用于盛放样品。检测器用于检测透射光强度,信号处理系统把光信号转换成电信号,进一步转换为吸光度便于读取。

4.10　电导与电导率

4.10.1　电导

电导是一种重要的物理量,是物质及溶液的一种性质,其反映了电解质溶液中离子存在的状态及运动信息,由于稀溶液的电导与离子浓度之间呈简单线性关系,常用于分析化学及化学动力学过程测试。

电导是电阻的倒数,因此电导的测量,实际上是通过电阻值的测量再换算的。溶液电导的测定,由于离子在电极上会发生放电,产生极化,因此测量电导时要使用频率足够高的交流电,以防止电解产物的生成,通常使用镀铂黑的电极来减少超电位,并用零点法使电导的最后读数在零电流时读取,这也是超电位为零的位置。

4.10.2　电导率

化学工作者更感兴趣的是电导率:

$$\kappa = G \frac{l}{A} \tag{4-15}$$

式中,l 为测定电解质溶液时两电极间距(m);A 为电极面积(m^2);G 为电导(S);κ 为电导率($S \cdot m^{-1}$),是指面积为 1 m^2,两电极间距为 1 m 时溶液的电导。

电解质溶液的摩尔电导率 Λ_m($S \cdot m^2 \cdot mol^{-1}$)是指把含有 1 mol 电解质溶液置于相距为 1 m 的两电极之间的电导。若电解质溶液的浓度为 c,则含有 1 mol 电解质溶液的体积为 10^{-3} $m^3 \cdot C^{-1}$。

$$\Lambda_m = \frac{\kappa}{c} \times 10^{-3} \tag{4-16}$$

若用同一仪器依次测定一系列溶液的电导,由于电极面积(A)和电极间距(l)保持不变,则相对电导就等于相对电导率。

4.10.3 电导的测量原理

电导是利用平衡交流电桥法测量的。如图 4-4 所示。

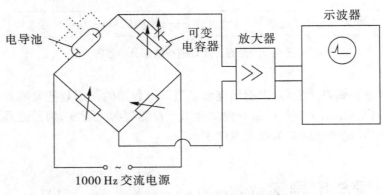

图 4-4 交流电桥装置示意图

将待测溶液装入具有两个固定的镀有铂黑电极的电导池中,电导池内溶液电阻为:

$$R_x = \frac{R_2}{R_1}R_3 \tag{4-17}$$

因为电导池的作用是电容器,因此电桥电路就包含可变电容 C,调节电容 C 来平衡电导池的容抗,将电导池接在电桥的一臂,以 1000 Hz 的振荡器作为交流电源,以示波器作为零电流指示器(不能用直流检流计),在寻找零点过程中,电桥输出信号十分微弱,故示波器前加一放大器,得到 R_x 后,可换算成电导。

4.11 电极

原电池是由两个"半电池"组成,每一个半电池由一个电极和相应的溶液组成。原电池电动势是组成此电池的两个半电池的电极电势的代数和。电极电势的测量是通过被测电极与参比电极组成电池,测定此电池电动势,然后根据参比电极的电势求出被测电极的电极电势,因此在测量电动势的过程中要注意参比电极的选择。

4.11.1 第一类电极

此类电极只有一个相界面,如气体电极,金属电极。

(1)标准氢电极。该电极由 H_2 和其离子组成,把镀有铂黑的铂片浸入 $\alpha_{H^+} = 1$ 的溶液中,并以干燥且压强为 100 000 Pa 的 H_2 不断冲击铂电极上,就构成了标准氢电极。其电极结构如图 4-5 所示。

$$(Pt)H_2(p = 1.0 \times 10^5 Pa) \mid H^+(\alpha_{H^+} = 1)$$

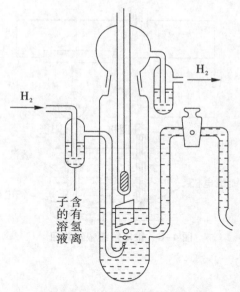

图 4-5　氢电极结构示意图

国际上规定:标准氢电极的电极电势为零,任何电极都可与标准氢电极组成电池,但是氢电极对 H_2 纯度要求较高,操作复杂,氢离子的活度也必须十分精确,并且氢电极十分敏感,受外界干扰大,使用不方便。

电极电势的绝对值无法测定,手册上所列的电极电势均为相对电极电势,即以标准氢电极参比电极,将标准氢电极与待测电极组成电池,所测电池电势就是待测电极的电极电势。

(2)金属电极。金属电极结构简单,只要将金属浸入含有该金属离子的溶液中就构成了半电池,如银电极就属于金属电极。

$$Ag \mid Ag^+ (\alpha)$$

其电极反应为:

$$Ag^+ + e^- \longrightarrow Ag$$

银电极的制备可购买商品银电极(或银棒)。首先将银电极表面用丙酮洗去油污,或用细砂纸打磨光亮,然后用蒸馏水冲洗干净,按图接好线路,在电流密度为 $35\ mA \cdot cm^{-2}$ 时,电镀半小时,得到银白色紧密层的镀银电极,用蒸馏水冲洗干净,即可作为银电极使用,如图 4-6 所示。

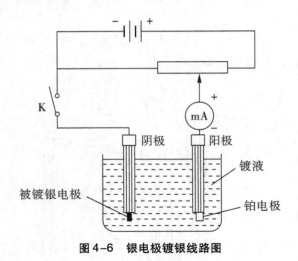

图 4-6　银电极镀银线路图

4.11.2　第二类电极

甘汞电极、银-氯化银电极等参比电极属于此类电极。

（1）甘汞电极。由于甘汞电极装置简单，可逆性高，制作方便，电势稳定，故此电极为实验室常用的参比电极，构造较多，有单液接和双液接两种，如图 4-7 所示。

无论哪种形状的电极，在玻璃容器的底部都装入少量的汞，然后装汞和甘汞的糊状物，再注入 KCl 溶液，将作为导体的铂丝插入，即构成甘汞电极。其电极表示形式为：

$$\text{Hg}(1), \text{Hg}_2\text{Cl}_2(s) \mid \text{KCl}(\alpha)$$

电极反应为：

$$\text{Hg}_2\text{Cl}_2(s) + 2e^- \longrightarrow 2\text{Hg}(1) + 2\text{Cl}^-(\alpha_{Cl^-})$$

$$\varphi_{甘汞} = \varphi^{\theta}_{甘汞} - \frac{RT}{F}\ln\alpha_{Cl^-} \tag{4-18}$$

由式（4-18）可知，$\varphi_{甘汞}$ 仅与温度、氯离子活度有关，即与 KCl 的浓度有关，甘汞电极有 $0.1\ \text{mol} \cdot \text{L}^{-1}$、$1.0\ \text{mol} \cdot \text{L}^{-1}$ 和饱和 KCl 甘汞电极，其中饱和 KCl 甘汞电极最常用（使用时电极内溶液应保留少许 KCl 固体晶体以保证溶液饱和），不同甘汞电极的电极电势与温度的关系如表 4-3 所示。

表 4-3　不同浓度 KCl 溶液的甘汞电极电位（25 ℃）

KCl 溶液浓度/（mol · L^{-1}）	电极电位 $\varphi_{甘汞}$/V
0.1	0.3365
1.0	0.2828
饱和	0.2438

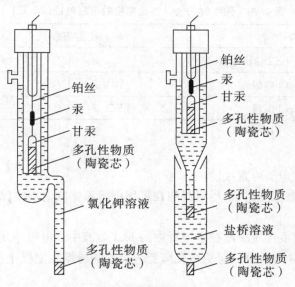

图 4-7　甘汞电极组成示意图

（2）银-氯化银电极。此电极是实验室另一种常用参比电极,属于金属-微溶盐-负离子型电极。其电极表示形式为:

$$Ag(s) \mid AgCl(s) \mid Cl^-(\alpha)$$

其电极反应为:

$$AgCl(s) + e^- \longrightarrow Ag(s) + Cl^-(\alpha_{Cl^-})$$

$$\varphi_{Cl^- \mid AgCl \mid Ag} = \varphi^{\theta}_{Cl^- \mid AgCl \mid Ag} - \frac{RT}{F}\ln\alpha_{Cl^-} \qquad (4-19)$$

由式（4-19）可知, $\varphi_{Cl^- \mid AgCl \mid Ag}$ 也只与温度和溶液中氯离子活度有关。

银-氯化银电极的制备方法有很多,较简单的方法是将其在镀银溶液中镀上一层纯银后,再将镀过银的电极作为阳极,铂丝为阴极,在 1 mol·L^{-1} HCl 中电镀一层 AgCl。把此电极浸入 HCl 溶液中,就构成了银-氯化银电极。制备银-氯化银电极时,在相同的电流密度下,镀银时间与镀氯化银的时间比最好控制在 3:1。

商业化的银-氯化银电极参比电极是由一根镀了氯化银的银丝、一根玻璃管（即参比电极室）和一个密封在玻璃管中的微孔陶瓷头组成的,如图 4-8 所示。参比电极室可使用 KCl 溶液填充,不同 Ag-AgCl 参比电极的电极电位（25 ℃）如表 4-4所示。

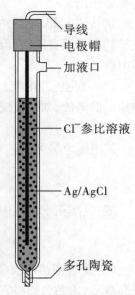

图 4-8　银-氯化银电极示意图

表 4-4　不同 Ag-AgCl 参比电极的电极电位(25 ℃)

电极	KCl 溶液浓度	电极电位/V
0.1 mol · L^{-1} Ag-AgCl 参比电极	0.1 mol · L^{-1}	+0.2880
标准 Ag-AgCl 电极	0.1 mol · L^{-1}	+0.2223
饱和 Ag-AgCl 电极	饱和 KCl(34 g/100 mL)	+0.2000

使用方法:

1)将电极封头打开,可直接使用。

2)便携式参比电极使用后,尽量浸泡在氯化钾溶液中或清水中保存。

使用注意事项:

1)镀有 AgCl 的银丝应浸没在电极管内的 KCl 溶液中。电极不用时应浸在与内参比溶液浓度相同的 KCl 溶液中。避免微孔陶瓷头长时间暴露在空气中(时间不能大于几分钟)。

2)使用时内部溶液不应有气泡,以免影响电极的稳定性。电极不应受剧烈的振动,以防止 AgCl 镀层脱落。

3)电极应置于暗处,避免 AgCl 受光照分解。

4)在使用时,若感觉电阻增大,可能是微孔陶瓷头干枯。此时可以将玻璃管拔出白色聚四氟帽 6 mm 左右,让少许空气进入玻璃管中,再将玻璃管垂直正放。以指甲弹击气泡将其赶往电极室上部,然后再将玻璃管插回电极帽中,这时 KCl 溶液应该能从微孔陶瓷头处压出。

重新注入 KCl 溶液时,仔细拔掉白色聚四氟帽,用注射器向玻璃管中注满溶液,确认玻璃管底部没有气泡,再向白色聚四氟帽中注入少许溶液,再将玻璃管插入白色聚四氟帽中。

(3)氧化还原电极。氧化还原电极是将惰性电极插入含有两种不同价态的离子溶液中构成的电极,如醌氢醌电极。

$$C_6H_4O_2 + 2H^+ + 2e^- \longrightarrow C_6H_4(OH)_2$$

其电极电势为:

$$\varphi = \varphi^{\theta}_{醌氢醌} - \frac{RT}{2F} \ln \frac{\alpha_{氢醌}}{\alpha_{醌} \cdot \alpha^2_{H^+}} \qquad (4-20)$$

醌、氢醌在水溶液中浓度较小,且相等,即 $\alpha_{氢醌} = \alpha_{醌}$,则:

$$\varphi = \varphi^{\theta}_{醌氢醌} + \frac{RT}{2F} \ln \alpha_{H^+} \qquad (4-21)$$

(4)旋转圆盘电极(Rotating disk electrode,RDE)。旋转圆盘电极是把电极材料加工成圆盘后,用黏合剂将它封入高聚物(如聚四氟乙烯)圆柱体的中心,圆柱体底面与研究电极表面在同一平面内,精密加工抛光。研究电极与圆柱体中心轴垂直,处于轴对称位置。电极用电动机直接耦合或传动机带动使电极无振动地绕轴旋转,从而使电极下的溶液产生流动,缩短电极过程达到稳定状态的时间,在电极上建立均匀稳定的表面扩散层。电极上的电流分布也比较均匀稳定,如图 4-9 所示。

圆盘电极的旋转,引起了溶液中的对流扩散,加强了电活性物质的传质,使电流密度比静止的电极提高了 1~2 个数量级,所以用旋转圆盘电极研究电极动力学,可以提高相同数量级的速度范围。

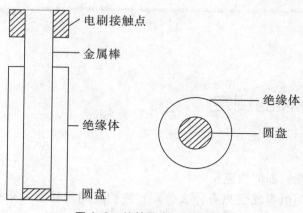

电刷接触点
金属棒
绝缘体
圆盘
绝缘体
圆盘

图 4-9 旋转圆盘结构示意图

对于 25 ℃水溶液,计算可得扩散电流密度为:

$$i_d = -0.62nFD^{2/3}v^{-1/6}\omega^{1/2}(c_b - c^s) \tag{4-22}$$

极限扩散电流密度为:

$$(i_d)_{lim} = -0.62nFD^{2/3}v^{-1/6}\omega^{1/2}c_b \tag{4-23}$$

式中,n 为电极反应的电子得失数;F 为法拉第常数;D 为扩散系数;n 为溶液的动力黏度系数(即黏度系数/密度);w 为圆盘电极旋转角速度;c_b、c^s 分别表示反应物(或产物)的溶液浓度和电极表面浓度。

由上式可知:旋转圆盘电极的应用较广,它可以测得扩散系数 D、电极反应得失电子数 n、电化学过程的速率常数和交换电流密度等动力学参数。

第5章 物理化学实验部分

实验 1 燃烧热的测定

【预习任务单】

1. 什么是燃烧热？如何测定？

2. 恒压燃烧热与恒容燃烧热有什么差别？它们之间的相互关系是什么？本实验直接测得的是哪种燃烧热？

3. 氧弹式量热计的原理是什么？如何使用？

4. 如何利用雷诺图解法求所测温差值？

5. 本实验有哪些因素容易造成误差？提高实验的准确度应从哪几方面考虑？

【实验目的】

1. 明确燃烧热的定义，了解恒压燃烧热与恒容燃烧热的差别及相互关系。

2. 了解氧弹式量热计的原理、构造及使用方法，用氧弹式量热计测定萘、蔗糖的燃烧热，掌握有关热化学实验的一般知识和测量技术。

3. 明确所测温差值为什么要进行雷诺图解法校正并掌握有关热化学实验的一般知识和测量技术、校正方法。

4. 培养综合运用知识的能力和不怕困难、勇往直前的科学精神。

【实验原理】

1. 燃烧热的定义：燃烧热是指在一定温度和压强下，1 mol 物质完全燃烧时的反应热称为燃烧热。所谓完全燃烧是指燃烧物质中的碳元素燃烧成 $CO_2(g)$，氢元素燃烧成 $H_2O(l)$，硫元素燃烧成 $SO_2(g)$ 等。如在 25 ℃苯甲酸的燃烧热方程式为：

$$C_6H_5COOH(s) + 7.5O_2(g) = 7CO_2(g) + 3H_2O(l)$$

燃烧热可在恒容或恒压情况下测定。由热力学第一定律可知：在不做非膨胀功情况下，恒容燃烧热 $Q_v = \Delta U$，恒压燃烧热 $Q_p = \Delta H$。在氧弹式量热计中测得燃烧热为 Q_v，而一般热化学计算用的值 Q_p，这两者可通过下式进行换算：

$$Q_p = Q_v + \Delta nRT \tag{5-1-1}$$

式中，Δn 为反应前后生成物和反应物中气体的物质的量之差（mol）；R 为摩尔气体常数($J \cdot mol^{-1} \cdot K^{-1}$);$T$ 为反应温度(K)。

在盛有定量水的容器中,放入内装有一定量的样品和氧气的密闭氧弹,然后使样品完全燃烧,放出的热量传给水及仪器,引起温度上升。若已知水量为 W g,仪器的水当量 W'(量热计每升高 1 ℃所需的热量)。而燃烧前、后的温度分别为 T_0 和 T_n。则 m g 物质的燃烧热为:

$$Q' = (CW + W')(T_n - T_0) \qquad (5-1-2)$$

式中,C 为水的比热。注意:仪器的水当量是指除水之外,热量计升高 1 ℃所需的热量,相当于吸收同样热量用水的质量表示仪器的热容。例如,使仪器升高 1 ℃,需热量 1903 J,则该仪器的水当量为 1903 J $\cdot$ K^{-1}。

若水的比热为 1($C=1$),那么摩尔质量为 M 的物质,则其摩尔燃烧热为:

$$Q = \frac{M}{m}(W + W')(T_n - T_0) \qquad (5-1-3)$$

水当量 W' 的求法是用已知燃烧热的物质(如本实验用苯甲酸)放在量热计中燃烧,测其始、末温度,按式(5-1-3)求 W'。一般因每次的水量相同,($W+W'$)可作为一个定值($\overline{W}$)来处理。故:

$$Q = \frac{M}{m}(\overline{W})(T_n - T_0) = \frac{M}{m}(\overline{W})\Delta T \qquad (5-1-4)$$

在较精确的实验中,辐射热、铁丝的燃烧热、温度计的校正等都应予以考虑。

2. ΔT 求解:ΔT 可由雷诺图(温度-时间曲线)求解,如图 5-1-1 所示。

用雷诺图(温度-时间曲线),确定实验中的 ΔT。如图 5-1-1(a)所示。图中 ab 段表示实验前期,b 点相当于开始加热点;bc 段相当于反应期;cd 段则为后期。由于量热计与周围环境有热量交换,所以曲线 ab 和 cd 常常发生倾斜,在实验中所测量的温度变化值 ΔT 实际上按如下方法确定:取 b 点所对应的温度为 T_1,c 点所对应的温度为 T_2,其平均温度(T_1+T_2)/2 为 T,经过 T 点作横坐标的平行线 TO 与曲线 $abcd$ 相交于 O 点,然后通过 O 点作垂线 AB,垂线与 ab 线和 cd 线的延长线分别交于 E、F 两点,则 E、F 两点所表示的温度差即为所求的温度变化值 ΔT。

图中 EE' 表示环境辐射进来的热量所造成的温度升高,这部分是应当扣除的;而 FF' 表示量热计向环境辐射出的热量所造成的温度降低,这部分是应当加入的。经过上述温度校正所得的温度差 EF 表示了由于样品发生反应,使量热计温度升高的数值。

如果量热计绝热性较好,则反应器的温度并不下降,在这种情况下的 ΔT 仍然按着上述方法进行校正,如图 5-1-1(b)所示。

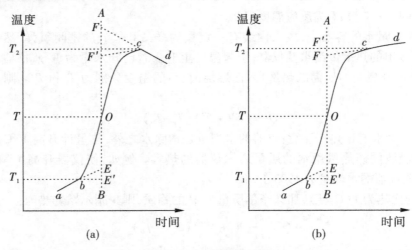

图 5-1-1 雷诺校正图

【仪器与试剂】

1. 仪器:GR3500 氧弹式量热计 1 套;压片机 1 套;氧气钢瓶;万用表 1 个;数字式精密温差测量仪 1 台;2000 mL 容量瓶 1 个;500 mL 容量瓶 1 个;燃烧丝 1 卷;牙签 1 盒;剪刀 1 把。

2. 试剂:苯甲酸(AR);萘(AR);蔗糖(AR)。

【实验步骤】

1. 清洗仪器及附件:将量热计及其全部附件加以整理并洗净擦干(图 5-1-2)。

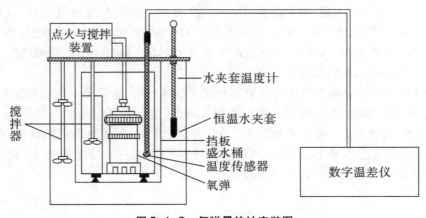

图 5-1-2 氧弹量热计安装图

2. 压片

(1)取 16 cm 左右的燃烧丝放在干的称量纸上在分析天平上称量,记下燃烧丝的质量,并将燃烧丝中间部分在牙签上缠绕 8 ~ 10 圈,制备成螺旋形以增大燃烧丝与待测样品的接触面积促使其充分燃烧,注意燃烧丝两端要留足够长。

(2)再用天平称取0.7～0.8 g苯甲酸,把制备成螺旋形的燃烧丝放在苯甲酸中,在压片机中压成片状(不能压得太紧,太紧会压断燃烧丝或点火后不能燃烧),压好后样品形状如图5-1-3所示,并用分析天平称取燃烧丝和待测样品的总质量。

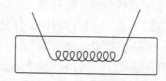

图 5-1-3　含有燃烧丝的样品片形状图

3. 装样、充氧气

(1)把氧弹的弹头放在弹头架上,将装有样品的燃烧杯放入燃烧杯架上,把燃烧丝的两端分别紧绕在氧弹头中的两根电极上,用万用表测量两电极间的电阻值(两电极与燃烧杯不能相碰或短路)。把弹头放入弹杯中,用手将其拧紧(图5-1-4)。再用万用表检查两电极之间的电阻,若变化不大,则可充氧。

(2)使用高压钢瓶时必须严格遵守操作规则。先充入约1 MPa氧气,然后放气,以排出氧弹内空气。反复充气、放气两次。再充入约1 MPa氧气(若钢瓶内氧气量不足,可反复多次充氧),再用万用表检查两电极间电阻,变化不大时,将氧弹放入内筒。

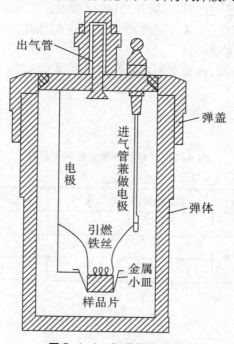

图 5-1-4　氧弹的构造图

4. 调节水温:用容量瓶取 3000 mL 自来水注入内筒,水面盖过氧弹(两电极应保持干燥),如有气泡逸出,说明氧弹漏气,寻找原因,排除。装好搅拌头(搅拌时不可有金属摩擦声),把电极插头紧插在两电极上,盖上盖子,将温差测量仪探头放入外筒中,待温度恒定,记录下外筒温度(即环境温度),然后将温差测量仪探头插入内筒水中。

5. 点火:打开总电源开关,打开搅拌开关,搅拌 3~5 min 后,每隔 0.5 min 读取水温一次(精确至±0.001 ℃),直至连续五次水温有规律微小变化,按压"点火"按钮点火。当数字显示开始明显升温时,表示样品已燃烧。杯内样品一经燃烧,水温很快上升,每隔 0.5 min 记录温度一次,当温度升至最高点后,再记录 5 次,停止实验。

6. 实验结束

(1)实验停止后,取出温差测量仪探头放入外筒水中,取出氧弹,打开氧弹出气口放出余气,最后旋下氧弹盖,检查样品燃烧结果。若氧弹中有许多黑色残渣,表示燃烧不完全,实验失败。若氧弹中没有什么燃烧残渣,表示燃烧完全。

(2)用水冲洗氧弹及燃烧杯,倒去内筒中的水,把物件用抹布或卷纸擦干,待用。

7. 测定萘的燃烧热:称取 0.4~0.5 g 萘,代替苯甲酸,更换内桶自来水,重复上述实验。

8. 测量蔗糖的燃烧热:称取 1.2~1.3 g 蔗糖代替苯甲酸,更换内桶自来水,重复上述实验。

【实验注意事项】

1. 待测样品需干燥,受潮样品不易燃烧且称量有误。

2. 注意压片的紧实程度,太紧不易燃烧。燃烧丝需压在片内,如浮在片子面上会引起样品熔化而脱落,不发生燃烧。

3. 在燃烧第二个样品时,内筒水须重新换掉再次调节水温。

【数据记录及处理】

1. 数据记录(表5-1-1)。

表5-1-1 燃烧热测定数据记录表

实验室温度:_____;大气压:_____

样品	燃烧丝质量/g	样品与燃烧丝总质量/g	样品质量/g	外桶温度/℃
苯甲酸				
萘				
蔗糖				

2. 苯甲酸、萘和蔗糖的燃烧热实验数据记录(表5-1-2)。

表5-1-2 苯甲酸、萘和蔗糖燃烧热测定数据记录表

实验室温度:_____;大气压:_____

苯甲酸		萘		蔗糖	
时间 t/min	温度 T/℃	时间 t/min	温度 T/℃	时间 t/min	温度 T/℃
...					

3. 作温度(T),时间(t)的雷诺校正曲线图,求出苯甲酸、萘和蔗糖的 ΔT。

4. 计算量热计的水当量($\overline{W}$),萘和蔗糖的燃烧热。已知苯甲酸在298.15 K 的燃烧热:$Q_p = -3226.8$ kJ·mol^{-1}。

【思考题】

1. 在实验中,哪些是体系,哪些是环境? 实验过程中有无热交换? 热交换对实验结果有何影响?

2. 加入内筒中水的水温为什么要选择比外筒水温低? 低多少合适? 为什么?

3. 实验中,哪些因素容易造成误差? 如果要提高实验的准确度应从哪几方面考虑?

【实验讨论】

1. 萘和蔗糖在标准压强和298.15 K 条件下的恒压燃烧热分别为 -5156.3 kJ·mol^{-1} 和 -5649.0 kJ·mol^{-1}。

2. 在精确测量中,需要从总热量中扣除燃烧丝和氧气中含氮杂质产生的热效应,对于燃烧丝,实验前可先称重,燃烧后小心取下,用稀盐酸浸洗,再用水洗净,吹干后称重,求出燃烧过程中燃烧丝失去的质量(燃烧丝的热值是6695 J·g^{-1})。对于氧气中的含氮杂质,可用0.1 mol·L^{-1} NaOH 溶液滴定洗涤氧弹内壁的蒸馏水(在燃烧前可先在氧弹中加入0.5 mL水),每毫升 NaOH 溶液相当于5.983 J(放热)。

3. 对其他热效应的测量(如溶解热、中和热、化学反应热等)可用普通杜瓦瓶作为量热计。具体方法是用已知热效应的反应物求出量热计的水当量,然后再对未知热效应的反应进行测量,对于吸热反应可用电热补偿法直接求出反应的热效应。

4. 燃烧热的测定在实际工作中具有广泛的应用,如煤、焦炭及可燃固体的热值的测定,也可用于可燃液体燃烧热的测定,如汽油、柴油、乙醇等。测定液体燃烧热时,装样方法有所不同,所测液体封装在薄膜小袋中,然后将燃烧丝绑在袋外,计算燃烧热时要扣除薄膜小袋燃烧放出的热量。

51

5. $Q_p = Q_v + \Delta nRT$ 公式中的 T 为反应温度（K），一般在文献值中均为 298.15 K 的数值，因此水当量的测定和反应温度均应在 298.15 K。

6. 燃烧热实验中氧弹需反复充氧，若直接使用减压阀手柄，由于反复摩擦手柄螺杆极易滑丝而导致减压阀损坏。

【拓展阅读】

1. 魏丰源. Origin 直接绘制雷诺温度校正图法处理燃烧热实验数据. 大学化学，2019，34（07）：105-108.

2. 沈海云，邵松雪. Origin 软件在雷诺温度校正图中的应用. 广东化工，2021，48（19）：282-284.

3. 李宇明，王雅君，姜桂元. Origin 软件数据提取及处理在物理化学实验中的应用——以萘的燃烧热测定为例. 教育教学论坛，2020（50）：375-377.

4. 刘会媛，刘立华. 燃烧热测定实验实际应用探究. 山东化工，2021，50（16）：123-126.

5. 赵明坚，王国平，王永尧，钱文霞，雷群芳，方文军. 温差数据采集系统的研制及其在反应组分燃烧热测量方法测定水杨酸乙酰化反应焓实验中的应用. 化学教育（中英文），2022，43（06）：60-65.

【思政小课堂】

氧弹量热计的发展历史

氧弹量热计是一种测定物质的燃烧值，早在 1780 年，由"近代化学之父"拉瓦锡最先提出。氧弹量热计主要用于测量固体或液体样品的热值，测量样品在一个密闭的容器中（氧弹），充满氧气的环境里，燃烧所产生的热，测量的结果称燃烧值。氧弹量热计的发展历史如下：

1. 冰量热仪——最早的绝热体系：1780 年，拉瓦锡（法国化学家）和拉普拉斯（法国天文学家、数学家）研制出世界第一台量热仪（冰量热仪/相变量热仪）。将一只几内亚小鼠放到一个冰桶内，为了防止热量向外界散失，冰桶的外部包裹一层冰和水的混合物，老鼠放热将冰融化成水，通过测定下部烧杯中获得的水可以推算出老鼠释放的热量。

由于冰及冰水混合物的温度均为 0 ℃，天然构成了一个绝热体系，现在我们称之为冰量热仪或相变量热仪。

2. "贝特洛式氧弹"：世界上第一台氧弹量热仪是在 1881 年由马塞林·伯斯路特（法国化学家）发明的，他将样品放在一个密闭耐压容器中燃烧的测量方法发展成为标准的方法，他是首位使用纯氧在高压环境下获得更快速、更完全燃烧的科学家。

1910 年美国科学家 Parr 希望用过氧化钠代替氧气，但由于过氧化物的氧化能力无法保障样品的完全燃烧，且过程中存在较多的副反应，同时会有反应热释放，所以该方法无法完全取代氧气的作用。

20 世纪 30 年代，Richards 提出了"绝热量热法"，测定时绝热式外筒和内筒温度基本保持一致，清除了内外筒之间的热交换；典型代表为德国 IKA 公司，C310（1942 年）；其后随着计算机及控制技术的发展相继推出 C4000（1988）和 C5000（1996）等全自动绝热量热仪。

20 世纪 70 年代，在恒温式量热仪的基础上改进外筒的控温系统，推出周边等温式测定模式，依据牛顿冷却定律，采用瑞方公式、奔特公式和罗李方程作为冷却补偿计算，典型的代表为 IKA C2000 自动量热仪。

1986 年，德国 IKA 公司首推干式量热仪（C700，1986；C7000，1993），内筒不再使用水作为导热介质，热量计的内筒、搅拌器和水被一个金属块代替。氧弹为双层金属构成，其中嵌有温度传感器，氧弹本身组成了量热系统。其优点是测定速度快，3 min 可以完成一个样品的测定，是目前世界上速度最快的热量计。

实验 2　溶解热的测定

【预习任务单】

1.什么是积分溶解热和微分溶解热？如何测定？

2.什么是积分稀释热和微分稀释热？如何测定？

3.硝酸钾溶解是吸热还是放热？如何测定其溶解热？

4.电热补偿法测定热效应的基本原理是什么？

5.本实验需要测定哪些参数？如何测定？

6.硝酸钾和水的质量需要精确称取吗？

7.本实验的数据如何处理？

8.本实验需要特别注意的地方有哪些？

【实验目的】

1.掌握采用电热补偿法测定热效应的基本原理。

2.通过采用电热补偿法测定硝酸钾在水中的积分溶解热，并用作图法求出硝酸钾在水中的微分溶解热、积分稀释热和微分稀释热。

3.掌握溶解热测定仪器的使用方法。

4.培养规则意识、细致耐心的科学精神及综合运用知识的能力。

【实验原理】

1.物质溶解过程所产生的热效应称为溶解热，可分为积分溶解热和微分溶解热两种。

积分溶解热（Q_s）是指定温定压下把 1 mol 物质溶解在 n_0 mol 溶剂中时所产生的热效应。由于在溶解过程中溶液浓度不断改变，因此又称为变浓溶解热。

微分溶解热是指在定温定压下把 1 mol 物质溶解在无限量的某一定浓度溶液中所产生的热效应，由于在溶解过程中浓度可视为不变，因此又称为定浓度溶解热，以 $\left(\dfrac{\partial Q_s}{\partial n}\right)_{T,p,n_0}$ 表示，即定温、定压、定溶剂状态下，由微小的溶质增量所引起的热量变化。

稀释热是指溶剂添加到溶液中使之稀释,在溶液稀释过程中产生的热效应,又称为冲淡热,可分为积分(变浓)稀释热和微分(定浓)稀释热两种。

积分稀释热(Q_d)是指在定温定压下把原为含 1 mol 溶质和 n_{02} mol 溶剂的溶液稀释到含 n_{01} mol 溶剂时的热效应,它为两浓度的积分溶解热之差。

微分稀释热是指将 1 mol 溶剂加到某一浓度的无限量溶液中所产生的热效应,以 $\left(\dfrac{\partial Q_d}{\partial n_0}\right)_{T,p,n}$ 表示,即定温、定压、定溶质状态下,由微小的溶剂增量所引起的热量变化。

积分溶解热的大小与浓度有关,但不具有线性关系。通过实验测定,可绘制出一条积分溶解热 Q_s 与相对于 1 mol 溶质的溶剂量 n_0 之间的关系曲线(图 5-2-1),其他三种热效应由 Q_s-n_0 曲线求得。

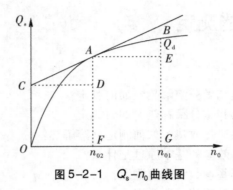

图 5-2-1 Q_s-n_0 曲线图

设纯溶剂、纯溶质的摩尔焓分别为 H_{m1} 和 H_{m2},溶液中溶剂和溶质的偏摩尔焓分别为 H_1 和 H_2,对于由 n_1 mol 溶剂和 n_2 mol 溶质组成的体系,在溶质和溶剂未混合前,体系总焓为:

$$H = n_1 H_{m1} + n_2 H_{m2} \tag{5-2-1}$$

将溶剂和溶质混合后,体系的总焓为:

$$H' = n_1 H_1 + n_2 H_2 \tag{5-2-2}$$

因此,溶解过程的热效应为:

$$\Delta H = H' - H = n_1(H_1 - H_{m1}) + n_2(H_2 - H_{m2}) = n_1 \Delta H_1 + n_2 \Delta H_2 \tag{5-2-3}$$

在无限量溶液中加入 1 mol 溶剂,式(5-2-3)中第二项可以认为不变,在此条件下所产生的热效应为式(5-2-3)中第一项中的 ΔH_1,即微分稀释热。同理,在无限量溶液中加入 1 mol 溶质,式(5-2-3)中第一项可以认为不变,在此条件下所产生的热效应为式(5-2-3)中第二项中的 ΔH_2,即微分溶解热。根据积分溶解热的定义,有:

$$Q_s = \frac{\Delta H}{n_2} \tag{5-2-4}$$

将式(5-2-3)代入式(5-2-4),可得:

$$Q_s = \frac{n_1}{n_2} \Delta H_1 + \Delta H_2 = n_0 \Delta H_1 + \Delta H_2 \tag{5-2-5}$$

此式表明,在 Q_s-n_0 曲线上,对一个指定的 n_{02},其微分稀释热为曲线在该点的切线斜率,即图 5-2-1 中的 AD/CD。n_{02} 处的微分溶解热为该切线在纵坐标上的截距,即图 5-2-1 中的 OC。

在含有 1 mol 溶质的溶液中加入溶剂,使溶剂量由 n_{02} mol 增加到 n_{01} mol,所产生的热效应称为积分稀释热,即为曲线上 n_{01} 和 n_{02} 两点处 Q_s 的差值,$Q_d = (Q_s)_{n01} - (Q_s)_{n02} = BG-EG$。

2. 本实验测定硝酸钾溶解在水中的溶解热,它是一个溶解过程中温度随反应的进行而降低的吸热反应,可采用电热补偿法测定。

实验时先测定体系的起始温度,溶解进行后温度不断降低,由电加热法使体系复原至起始温度,根据所耗电能求出溶解过程中的热效应 Q。

$$Q = I^2Rt = IUt = Pt(J) \tag{5-2-6}$$

式中,I 为通过加热器电阻丝(电阻为 R)的电流强度(A);U 为电阻丝两端所加的电压(V);t 为通电时间(s);P 为加热功率(W)。

【仪器与试剂】

1. 仪器:SWC-ZH 中和热(溶解热)测定装置(一体化);电子分析天平,台秤,称量瓶 8 只,毛刷 1 个。

2. 试剂:硝酸钾(AR)。

【实验步骤】

1. 提前将 26 g 硝酸钾研磨、烘干,放入干燥器中冷却。

2. 连接仪器电源线,将后面板上的转换开关切换至溶解热处,用电源线将仪器后面板的电源插座与 ~220 V 电源连接,将传感器插头接入传感器座,打开搅拌器,注意防止搅拌子与测温探头相碰,以免影响搅拌。用配置的加热功率输出线接入"I+"、"I-"、"红-红"、"蓝-蓝"。

3. 打开电源开关,仪器处于待机状态,待机指示灯亮。

4. 准备 8 个称量瓶,编号。在电子分析天平上,先称取每一个空瓶的质量,再依次加入约为 2.5 g、1.5 g、2.5 g、3.0 g、3.5 g、4.0 g、4.0 g、4.5 g 的硝酸钾,分别记录每一个空称量瓶和加入硝酸钾后总质量,称完后盖上瓶塞,置于干燥器中。

5. 在台秤上称取 216.2 g 蒸馏水置于杜瓦瓶内,放入磁珠,拧紧瓶盖,并放到反应架固定架上。

6. 将 O 型圈套入传感器,调节 O 型圈使传感器浸入蒸馏水约 100 mm,把传感器探头插入杜瓦瓶内(注意:不要与瓶内壁相接触)。

7. 按"状态转换"键,切换至"测试"状态,调节加热功率为 2.5 W,当体系温度升至高于室温 0.5 ℃时,再按"状态转换"键,切换至"待机"状态,待体系温度稳定后,再按"状态转换"键,切换至"测试"状态,按"温差采零"键,同时加入第一份硝酸钾样品,按下计时器计时,此时温差出现负值,待温差返回"零"时,再加入第二份样品,同时记下加入时间,如上述过程继续测定,直至所有样品测定完毕(注意:实验过程中不可暂停计时器,至所有测试完毕方可关闭)。

8. 在分析天平上称取 8 个空称量瓶的质量,根据两次质量之差计算加入的硝酸钾的质量。

9. 实验结束后,打开杜瓦瓶盖,检查硝酸钾是否完全溶解。如未完全溶解,要重做实验。倒去杜瓦瓶中的溶液(注意别丢了磁子),洗净烘干,用蒸馏水洗涤加热器和测温探头。关闭仪器电源,整理实验桌面,罩上仪器罩。

【实验注意事项】

1. 实验开始前,插入测温探头时,要注意探头插入的深度,防止搅拌子和测温探头相碰,影响搅拌。

2. 实验前要测试转子的转速,以便在实验时选择适当的转速控制挡位。

3. 进行硝酸钾样品的称量时,称量瓶要编号并按顺序放置,以免次序错乱而导致数据错误。另外,固体 KNO_3 易吸水,称量和加样动作应迅速。

4. 本实验应确保样品完全溶解,因此,在进行硝酸钾固体的称量时,应选择粉末状的硝酸钾。

5. 实验过程中要控制好加入样品的速度,若速度过快,将导致转子陷住不能正常搅拌,影响硝酸钾的溶解;若速度过慢,一方面会导致加热过快,温差始终在零以上,无法读到温差过零点的时刻,另一方面可能会造成环境和体系有过多的热量交换。

6. 实验是连续进行的,一旦开始加热就必须把所有的测量步骤做完,测量过程中不能关掉各仪器点的电源,也不能停止计时,以免温差零点变动及计时错误。

7. 实验结束后应察看杜瓦瓶中是否有硝酸钾固体残余,若硝酸钾未全部溶解,则要重做实验。

【数据记录与处理】

1. 本实验记录的数据有水的质量、8 份样品的质量、加热功率以及加入每份样品后温差归零时的累积时间(表 5-2-1)。

表 5-2-1　KNO₃溶解热测定数据记录表

实验室温:_____;大气压:_____;水的质量:_____

称量瓶号	空瓶质量/g	KNO₃+瓶/g	剩余瓶重/g	加热功率/W	归零时间/s
1					
2					
3					
4					
5					
6					
7					
8					

2. 计算溶剂水的物质的量($n_{水}$)和各次加入的 KNO_3 质量、各次累积加入的 KNO_3 的物质的量(表 5-2-2)。根据功率和时间值计算向杜瓦瓶中累积加入的电能 Q。

再将算出的 Q 值进行换算,求出当把 1 mol 硝酸钾溶于 n_0 mol 水中的积分溶解热 Q_s。其中:

$$Q_s = \frac{Q}{n_{KNO_3}} = \frac{Pt}{m_{KNO_3}/M_{KNO_3}} \qquad n_0 = \frac{n_{H_2O}}{n_{KNO_3}}$$

表 5-2-2　KNO_3 溶解热测定数据处理表

实验室温:_____;大气压:_____;水的质量:_____

称量瓶号	加入 KNO_3/g	累积 KNO_3/g	累积 n_{KNO_3}/mol	累积电能 Q/kJ	n_0	Q_s
1						
2						
3						
4						
5						
6						
7						
8						

3. 利用 Origin 软件绘制 Q_s-n_0 曲线,并对曲线进行拟合得出曲线方程。从图中求出 $n_0 = 80,100,200,300$ 和 400 处的积分溶解热、微分溶解热、微分稀释热及计算溶液 n_0 为 $80 \rightarrow 100,100 \rightarrow 200,200 \rightarrow 300,300 \rightarrow 400$ 时的积分稀释热。

【思考题】

1. 本实验产生温差的主要原因有哪几方面? 如何修正?

2. 本实验装置是否适用于放热反应的热效应测定?

3. 设计由测定溶解热的方法求 $CaCl_2(s) + 6H_2O \Longrightarrow CaCl_2 \cdot 6H_2O(s)$ 的反应热。

【实验讨论】

1. 固体 KNO_3 易吸水,故称量和加样动作应迅速。实验书中要求固体 KNO_3 在实验前务必研磨成粉状,并在 110 ℃ 烘干,而在实验中并没有将样品进行烘干,只是盖上了盖子,故而带来误差。但考虑到实验是在冬天进行,气候干燥,故此影响不大。

2. 为使 KNO_3 固体在加入杜瓦瓶时不撒出来,可以在加料口处加上一个称量纸卷成的漏斗。但是这样操作会使一些药品聚集在纸漏斗口处,所以每次加完药品都要抖一抖称量纸,使样品全部进入杜瓦瓶。

3. 加入样品速度过快会使磁子陷住而使样品溶解不完全;加入速度慢则会使体系与环境有较多的热交换,而且可能使温差回不到零点。所以加样过程中应该先快后慢,即加入新编号瓶子的硝酸钾时应该快速倒入,使其温差迅速回到负值,然后再慢慢加入。搅拌速率也要适宜,太快可能使 KNO_3 固体溶解不完全;太慢会因水的传热性差而导致 Q 值偏低。

4. KNO_3 固体是否溶解完全是本实验的最大影响因素。除了上面几个因素之外,还要保证使用的 KNO_3 固体是粉末状的。

5. 温度零点设定在高于室温 $0.5\ ℃$ 是为了体系在实验过程中能更接近绝热条件,减小热损耗。所以在加入 KNO_3 固体时,慢慢加入尽量保证温差显示在 $-0.5\ ℃$ 左右。但是不可能保证系统与环境完全没有热交换,这也是实验的误差原因之一。

6. KNO_3 固体的溶解过程是一个吸热过程,所以积分溶解热都大于 0。而高浓度溶液向低浓度稀释也可以看作是一个溶解过程,所以积分溶解热随 n_0 变大而增大,故积分稀释热大于 0,微分溶解热也大于 0。当 n_0 变大时,微小的溶质增量引起的热效应越来越小,故微分溶解热也越来越小,但同时积分溶解热变大,故微分稀释热也变大。

7. 对于溶解过程放热的反应,可以借鉴燃烧焓测定的实验,先测定量热系统的热容量 C,再根据反应过程中温度变化 ΔT 与 C 之乘积求出热效应。

8. $Q_s - n_0$ 曲线应是一光滑曲线,其 $n_0 = 200$ 的 Q_s 应为 $(35 \pm 2)\ kJ \cdot mol^{-1}$。

【拓展阅读】

1. 宋萃,戚明颖,万培红,苗艳丽,王霄. 巧用 Origin 8.0 处理溶解热测定的实验数据. 广州化工,2012,40(18):25-27.

2. 张晓菲. 溶解热测定实验的条件探索. 赤峰学院学报(自然科学版),2016,32(24):7-10.

3. 张亚涛,吴旭,朱田生,秦岭. 溶解热法测定水泥水化热的探讨. 水泥工程,2015,(05):85-87.

【思政小课堂】

中国热化学泰斗——谭志诚教授

谭志诚(1941—),中国科学院大连化学物理研究所研究员。他在 50 余年的科研生涯中以超乎寻常的爱岗敬业精神,以坐冷板凳啃硬骨头的坚强毅力从事这一基础性很强且偏冷门的热化学学科,几十年如一日,兢兢业业,呕心沥血,辛勤耕耘,默默奉献,在热化学基础研究和应用领域取得了系统成就,为中国科学事业的发展和国际学术地位的提高做出了卓越贡献。谭志诚取得了 16 项重大科技成果,为我国科技进步和国防建设做出了突出贡献。

【附-SWC-ZH 中和热(溶解热)实验装置使用方法】

1. 前面板示意图(图 5-2-2)

(1)电源开关。

(2)增、减键按钮:按增、减键设置中和实验时所需定时时间。

(3)调速旋钮:调节磁力搅拌器的转速。

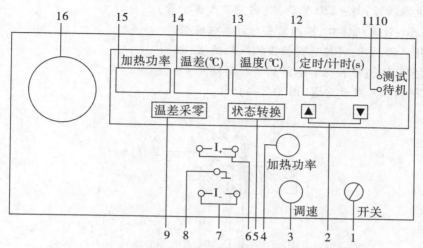

图 5-2-2 SWC-ZH 中和热(溶解热)实验装置前面板示意图

(4)加热功率旋钮:根据需要调节所需输出加热的功率。

(5)状态转换键:测试与待机状态之间的转换。

(6)正极接线柱:负载的正极接入处。

(7)负极接线柱:负载的负极接入处。

(8)接地接线柱。

(9)温度采零:在待机状态下,按下此键对温差进行清零。

(10)测试指示灯:灯亮表明仪器处于测试工作状态。

(11)待机指示灯:灯亮表明仪器处于待机工作状态。

(12)定时显示窗口:显示仪器中和实验所设定的定时时间间隔和溶解热实验时的计时时间。

(13)温度显示窗口:显示被测物的实际温度值。

(14)温差显示窗口:显示温差值。

(15)加热功率显示窗口:显示输出的加热功率值。

(16)固定架:固定中和热、溶解热反应器。

2. 后面板示意图(图 5-2-3)

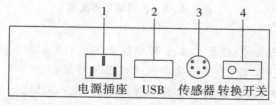

图 5-2-3 SWC-ZH 中和热(溶解热)实验装置后面板示意图

（1）电源插座：与～220 V连接（内置2 A保险丝）。

（2）USB：计算机接口，根据需要与计算机连接。

（3）传感器插座：将传感器插头插入此插座。

（4）转换开关：中和热和溶解热实验转换开关。

3.溶解热杜瓦瓶示意图（图5-2-4）

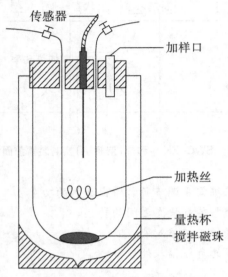

图5-2-4　溶解热杜瓦瓶示意图

4.溶解热测定方法

（1）连接仪器电源线，将后面板上的转换开关切换至溶解热处，用电源线将仪器后面板的电源插座与～220 V电源连接，将传感器插头接入传感器座，用配置的加热功率输出线接入"I+""I-""红-红""蓝-蓝"。

（2）打开电源开关，仪器处于待机状态，待机指示灯亮，如图5-2-5所示。

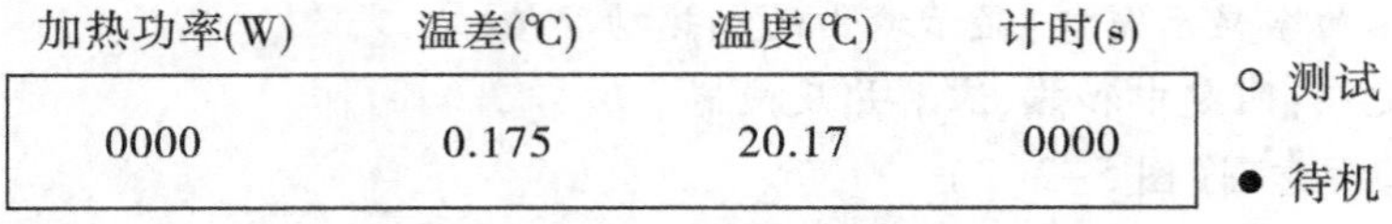

加热功率(W)	温差(℃)	温度(℃)	计时(s)	
0000	0.175	20.17	0000	○ 测试
				● 待机

图5-2-5　仪器待机界面图

（3）将8个称量瓶编号，在天平上分别称取2.5 g、1.5 g、2.5 g、3.0 g、3.5 g、4.0 g、4.0 g和4.5 g的硝酸钾（参考）并依次放入干燥器中待用。

（4）在天平上称取216.2 g蒸馏水放入杜瓦瓶内，放入磁珠，拧紧瓶盖，并放到反应架固定架上。

（5）将O型圈套入传感器，调节O型圈使传感器浸入蒸馏水约100 mm，把传感器探头插入杜瓦瓶内（注意：不要与瓶内壁相接触）。

（6）按下"状态转换"键，使仪器处于测试状态（即工作状态）。调节"加热功率调节"旋钮，使功率 $P=2.5$ W 左右。调节"调速"旋钮使搅拌磁珠为实验所需要的转速。

（7）实验时，因加热器开始加热初时有一滞后性，故应先让加热器正常加热，使温度高于环境温度 0.5 ℃左右，按下"状态转换"键，使仪器处于待机状态，待样品温度基本稳定后，按下"状态转换"键，使仪器处于测试状态，按"温差采零"键，此时温差显示为 0.000，立刻打开杜瓦瓶的加料口，按编号加入第一份样品，并同步计时，如与电脑连接，此刻点击开始绘图，盖好加料口塞，观察温差的变化或软件界面显示的曲线，此时温差值将继续上升一点后开始下降，下降一段时间后温差上升，当温差上升至零时，加入第二份样品，并同步记录计时器显示时间，依次类推，加完所有的样品。

（8）实验结束，按"状态转换"键，使仪器处于"待机状态"。将"加热功率调节"旋钮和"调速"旋钮左旋到底，关闭电源开关，拆去实验装置。

注意：

（1）如手工绘制曲线图时，每加一份样品的同时，请同步记录计时时间。

（2）加入每一份样品时，温差值将继续上升一点后再下降，下降一段时间后温差再上升，必须等温差上升到零度时才可以加入样品。

（3）待机状态，加热电源无输出。工作状态，加热电源自动输出，并在由"待机"转换至"测量"瞬间，温差自动采零并锁定基温。

5. 维护注意事项

（1）因加热器开始加热初时有一滞后性，故应先让加热器正常加热，使温度高于环境温度 0.5 ℃左右，开始加入第一份样品并同时计时。

（2）本实验应确保样品充分溶解，因此实验前应加以研磨。

（3）本实验仪不宜放置在过于潮湿的地方，应置于阴凉通风处。

（4）不宜放置在高温环境，避免靠近发热源，如电暖气或炉子等。

（5）为了保证仪表工作正常，没有专门检测设备的单位或个人，请勿打开机盖进行检修，更不允许调整和更换元件，否则将无法保证仪表测量的准确度。

（6）传感器和仪表必须配套使用（传感器探头编号和仪表的出厂编号应一致），以保证温度测量的准确度。否则，温度检测准确度会有所下降。

实验 3　中和热的测定

【预习任务单】

1. 什么是中和热？如何测定？
2. 什么是解离热？如何测定？
3. 什么是量热计常数？有哪些测定方法？
4. 本实验使用什么方法测定量热计常数？
5. 本实验需要使用什么仪器进行测定？如何使用？

6. 本实验需要记录哪些数据？如何处理这些实验数据？

7. 如何提高本实验结果的准确度？

【实验目的】

1. 掌握中和热的测定方法，学会测定量热计常数的方法。

2. 掌握量热法，了解量热原理以及用雷诺图解法求解温差的方法。

3. 测定醋酸与氢氧化钠反应的中和热，计算醋酸的电离热。

4. 培养理论联系实际、细致耐心的科学精神。

【实验原理】

1. 许多化学反应过程会伴随着热效应，即有热量的释放或吸收，中和反应也是一样。这些热效应符合热力学第一定律且与物质的状态、所参加反应物质的量有关，但与反应历程无关。

在一定的温度、压强和浓度下，1 mol 酸和 1 mol 碱中和时放出的热量称为中和热（在稀溶液中酸碱中和生成 1 mol 水的反应热）。强酸和强碱在水溶液中几乎完全电离，在足够稀释的情况下中和热几乎是相同的，在 25 ℃时：

$$H^+ + OH^- = H_2O \qquad \Delta H_{中和} = -57.3 \text{ kJ·mol}^{-1} \qquad (5\text{-}3\text{-}1)$$

如果中和反应是在绝热良好的杜瓦瓶中进行，且酸和碱的初始温度相同，同时使碱稍微过量，以使酸能被完全中和，则可以近似认为中和反应放出的热量全部被溶液和量热计所吸收，则：

$$\Delta_r H = \Delta H_{中和} = (m_{溶液} C_{溶液} + C_{量热计}) \Delta T = K \Delta T \qquad (5\text{-}3\text{-}2)$$

式中，$\Delta_r H$ 为强酸、强碱实验温度下的反应热（J·mol^{-1}）；$\Delta H_{中和}$ 为强酸、强碱实验温度下反应的中和热（J·mol^{-1}）；$m_{溶液}$ 为酸、碱的总质量（kg）；$C_{溶液}$ 为溶液的比热容（J·kg^{-1}·K^{-1}）；$C_{量热计}$ 为量热计的热容（J·K^{-1}）；K 为量热计常数，是溶液与量热计总的热容值（J·K^{-1}）；ΔT 为溶液的真实温差，可用雷诺图解法求得（K）。

若所用溶液相当浓，则所测得的中和热值较高。这是溶液相当浓时，离子间相互作用力及其他因素影响的结果。若所用的酸只部分离解，放出的热量则远远小于57.3 kJ·mol^{-1}。

弱酸（或弱碱）在水溶液中部分电离，当其和强碱（或强酸）发生中和反应时，其热效应是中和热和电离热的代数和。例如醋酸和氢氧化钠的反应：

根据盖斯定律，有：

$$\Delta_r H = \Delta H_{电离} + \Delta H_{中和} = (m_{溶液} C_{溶液} + C_{量热计}) \Delta T' = K \Delta T' \qquad (5\text{-}3\text{-}3)$$

所以：

$$\Delta H_{电离} = \Delta_r H - \Delta H_{中和} = K \Delta T' - \Delta H_{中和} \qquad (5\text{-}3\text{-}4)$$

式中，$\Delta_r H$ 为醋酸与氢氧化钠的反应热（J·mol^{-1}）；$\Delta H_{电离}$ 为醋酸在实验温度下的电离热（J·mol^{-1}）；$\Delta T'$ 为溶液的真实温差，可用雷诺图解法求得（K）。

2. 量热计常数 K 的计算：实验中需要测定量热计常数，即量热计总的热容值，其物理意义是指使量热计每升高 1 ℃所需的热量。它是由杜瓦瓶以及其中仪器和试剂的质量和比热所决定的。当使用某一固定量热计时，K 为常数。测定量热计总热容的常用方法

有如下三种:

(1)使已知热效应的反应过程在量热计中发生,根据量热计的温度升高值,计算量热计的热容,这种方法称为化学标定法。即在相同的条件下将盐酸和氢氧化钠水溶液在量热计中反应,测得反应前后量热计的温差 ΔT 后,利用其已知的中和反应热[$\Delta H_{中和} = -57\ 111.6 + 209.2(T-25)$ J·mol^{-1},T 为中和反应终了的温度,单位是 ℃]求出量热计常数 K。

$$K = \frac{c_{酸}\ V_{酸}\ \Delta H_{中和}}{\Delta T} \qquad (5-3-5)$$

(2)对量热计及一定量的水在一定的电流、电压下通电一定时间,使量热计升高一定的温度,根据供给的电能及量热计温度升高值,计算量热计的热容,这种方法叫电热标定法。由焦耳-楞次定律可得:

$$Q = UIt = Pt = K\Delta T \qquad (5-3-6)$$

式中,Q 为通电所产生的热量(J);I 为电流强度(A);U 为电压(V);t 为通电时间(s);P 为通电功率(W);ΔT 为通电使温度升高的数值(℃);K 为量热计常数。由式(5-3-6)可得:

$$K = \frac{UIt}{\Delta T} = \frac{Pt}{\Delta T} \qquad (5-3-7)$$

将测出的 ΔT 代入上式,求出量热计常数 K。

(3)向一定量的水中加入一定量的冰水混合物达到温度平衡,由热量平衡关系计算量热计的热容,该方法称为混合平衡法,具体测量方法请查阅相关资料。

本实验采用电热标定法标定量热计的热容量,即对量热计及一定量的水在一定的电流、电压下通电一定时间,使量热计升高一定的温度,根据供给的电能及量热计温度升高值,计算量热计的热容,即量热计常数 K。再于相同的条件下,将待测反应在同一量热计中进行,利用它的热容量和反应测得的温差,求出反应热。注意:温差 ΔT 须由雷诺图校正求得。

【仪器与试剂】

1. 仪器:SWC-ZH 中和热(溶解热)实验装置 1 套;500 mL 量筒;50 mL 量筒。
2. 试剂:1 mol·L^{-1} NaOH 溶液;1 mol·L^{-1} 醋酸溶液。

【实验步骤】

1. 仪器的组装:将中和热测定装置按照仪器说明组装好,将后面板上的转换开关切换至中和热处,打开电源开关,仪器处于待机状态,并将量热杯放到反应器的固定架上。

2. 量热计常数 K 的测定

(1)用干布擦净量热杯,量取 500 mL 蒸馏水注入其中,放入磁子,调节适当的转速。

(2)将传感器插入量热杯中(不要与加热丝相碰),将功率输入线两端接在电热丝两接头上,按"状态转换"键切换到测试状态(测试指示灯亮),调节"加热功率"旋钮,使其输出功率为所需功率(一般为 2.5 W),再次按"状态转换"键切换到待机状态,并取下加热丝两端任一夹子。再按"△""▽"键,设置定时时间为 60 s。

（3）待温度基本稳定后，按"状态转换"键切换至测试状态，仪器对温差自动采零，若温差不为零，可按"温差采零"键使温差为零。蜂鸣器响，记录一次温差值，即 1 min 记录 1 次。

（4）当记下第 10 个读数时，夹上取下的加热丝一端的夹子，同时开启秒表，此时为加热的开始时刻，要连续计时，并连续记录温差和时间。

（5）待温度升高 0.8 ~ 1.0 ℃ 时，取下加热丝一端的夹子，关闭秒表，读取秒表通电时间 t，继续搅拌，每间隔 1 min 记录一次温差，测 10 个点为止。

（6）实验结束，将"加热功率"旋钮旋到底，按"状态转换"键置待机状态。

3. 中和热的测定

（1）将量热杯中的水倒掉，用干布擦净，重新量取 400 mL 蒸馏水注入其中，然后加入 50 mL 的 1 mol·L^{-1} 的 HCl 溶液。仔细检查碱储液管是否漏液，确定无漏液后，再取 50 mL 1 mol·L^{-1} 的 NaOH 溶液注入其中。

（2）适当调节磁子的转速，在待机状态下按"△""▽"键，设置定时时间为 60 s，当温差基本稳定时，由"待机"转换至"测量"，温差自动采零并锁定，定时器工作。每隔 60 s 记录一次温差，记录 10 min。

（3）然后迅速拔出玻璃棒，加入碱溶液（不要用力过猛，以免相互碰撞而损坏仪器）。继续每隔 60 s 记录一次温差。

（4）加入碱溶液后，温度上升，待系统中温差几乎不变并维持一段时间即可停止测量。

注意：此过程无须对反应液进行加热。

4. 醋酸解离热的测定

（1）用 1 mol·L^{-1} 的醋酸溶液代替 1 mol·L^{-1} 的 HCl 溶液，重复上述中和热的测定步骤。

（2）实验结束，关闭电源，清洗量热杯、碱储液管和用过盛溶液的量器，将传感器、电源线、加热线取下，放入箱中，盖上盖子。

【实验注意事项】

1. 中和热的测定最好在 20 ℃ 左右的环境温度条件下进行，不宜低于 10 ℃ 以下，否则低温环境易散热，使测定结果偏低。

2. 量热杯一定要洗干净，加水前应保持干燥。

3. 磁子的转速要合适，要保持恒定。

4. 整个实验过程时间要连续记录，中间不能暂停。酸、碱储液管使用前一定要仔细检查是否漏液，确保无漏液。

5. 为提高实验的准确度，需要精确量取蒸馏水，并且 HCl、NaOH 和醋酸溶液的浓度均需标定。

【实验数据记录与处理】

1. 量热计常数 K 的测定。记录系统温度随时间变化（表 5-3-1），作出雷诺图，进行雷诺校正,求出 ΔT_1,将加热功率 P 和通电时间 t 代入相应公式,求出量热计常数 K。

表 5-3-1　量热计常数测定数据记录表

实验室温度:_____;大气压:_____;加热功率:_____

时间	温度
...	

2. 中和热的测定。记录系统温度随时间变化(表 5-3-2),作出雷诺图,进行雷诺校正,求出 ΔT_2,利用相应公式,求出 HCl 与 NaOH 中和反应热 $\Delta_r H$ 中和。

表 5-3-2　HCl 与 NaOH 中和反应热测定数据记录表

实验室温度:_____;大气压:_____

时间	温度
...	

3. 醋酸解离热的测定。记录系统温度随时间变化(表 5-3-3),用雷诺校正法,求温度变化量 ΔT_3,利用相应公式,求出醋酸与 NaOH 中和反应热 $\Delta_r H_m$。

表 5-3-3　醋酸与 NaOH 中和反应热测定数据记录表

实验室温度:_____;大气压:_____

时间	温度
...	

4. 计算醋酸的摩尔解离热 $\Delta_r H_{解离}$。

【思考题】

1. 弱酸的解离是吸热还是放热？

2. 中和热除与温度、压强有关外，还与浓度有关，如何测量在一定温度下，无限稀释时的中和热？

【实验讨论】

1. 用碱储液管加样的目的是使酸和碱液在反应前都处于同一温度，消除温度不同而带来的误差。

2. 中和热与电离热都与浓度和测定的温度有关，因此在阐明中和过程和电离过程的热效应时，必须注意指明酸和碱的浓度以及测量的温度。

3. 在测定量热计常数和测定弱酸强碱的中和热时，都要使酸被中和完全，两次测定所用的溶液应该相等，两次中和后溶液的热容量因含盐不同会稍有差别，但本实验可以忽略不计，当然，也可用别的方法来测定量热计的热容量。

【拓展阅读】

1. 赵丽娜，姜大雨，刘春玲. Origin 软件在中和热测定实验中的应用. 化学工程师，2013，27(12)：16-18.

2. Bopegedera A M R P，Perera K，Nishanthi R. "Greening" a familiar general chemistry experiment：coffee cup calorimetry to determine the enthalpy of neutralization of an acid-base reaction and the specific heat capacity of metals. Journal of Chemical Education，2017，94(4)：494-499.

3. Tatsuoka Tomoyuki，Shigedomi Kana，Koga Nobuyoshi. Using a laboratory inquiry with high school students to determine the reaction stoichiometry of neutralization by a thermo-chemical approach. Journal of Chemical Education，2015，92(9)：1526-1530.

4. Bhukdee Dhup，Limpanuparb Taweetham. Matching five white solids to common chemicals：a dissolution calorimetry and acid-base titration experiment. Journal of Chemical Education，2020，97(8)：2356-2361.

【思政小课堂】

著名物理学家——焦耳

詹姆斯·普雷斯科特·焦耳(James Prescott Joule，1818—1889)，英国物理学家，出生于英国曼彻斯特近郊的一个酿酒厂主家中，幼时随父酿酒，没受到正规教育，青年时期，认识了著名化学家道尔顿，得到了道尔顿的热情教导，激发了其对化学和物理学的兴趣。

1837 年，焦耳装成了电磁驱动的电磁机，1840 年发现了焦耳楞次定律，焦耳用机械能与热能的转变实验推翻了当时已盛行 100 多年的热质说。1844 年焦耳研究空气在膨胀和压缩时的温度变化，计算出了气体分子的热运动速度，在理论上奠定了波义耳、查理和盖吕萨克定律的基础，解释了气体分子对器壁压力的实质，并与著名物理学家汤姆逊共同发现了焦耳-汤姆逊效应。焦耳用各种方法进行了 400 多次试验,历经 40 年,获得了热功当量的值。由于他在热学、热力学和电方面的贡献,英国皇家学会授予他最高荣誉的科普利奖章(Copley Medal)。后人为了纪念他,把能量或功的单位命名为"焦耳"。

【附:SWC-ZH 中和热(溶解热)实验装置使用方法】

1. 前面板和后面板示意图同溶解热测定装置。

2. 中和热量热计示意图(图 5-3-1)

3. 测定准备工作

(1)连接仪器电源线,将后面板上的转换开关切换至中和热处,用电源线将仪器后面板的电源插座与 ~220 V 电源连接,将传感器插头接入传感器座,用配置的加热功率输出线接入"I +"、"I-"、"红-红"、"蓝-蓝"。

(2)打开电源开关,仪器处于待机状态,待机指示灯亮,如图 5-3-2 所示。

(3)将量热杯放到反应器的固定架上。

4. 量热计常数 K 的测定

(1)用干布擦净量热杯,量取 500 mL 蒸馏水注入其中,放入磁子,调节适当的转速。

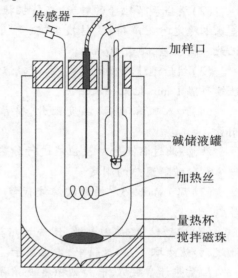

图 5-3-1　中和热量热计示意图

（传感器　加样口　碱储液罐　加热丝　量热杯　搅拌磁珠）

加热功率(W)	温差(℃)	温度(℃)	定时/计时(s)
0000	0.172	20.17	0000

图 5-3-2　SWC-ZH 中和热开机后前面板显示图

(2)将传感器插入量热杯中(不要与加热丝相碰),将功率输入线两端接在电热丝两接头上,按"状态转换"键切换到测试状态(测试指示灯亮),调节"加热功率"旋钮,使其输出功率为所需功率(一般为 2.5 W),再次按"状态转换"键切换到待机状态,并取下加热丝两端任一夹子。再按"△""▽"键,设置定时时间为 60 s。

(3)待温度基本稳定后,按"状态转换"键切换至测试状态,仪器对温差自动采零。蜂鸣器响,记录一次温差值,即 1 min 记录 1 次。

(4)当记下第 10 个读数时,夹上取下的加热丝一端的夹子,同时开启秒表,此时为加热的开始时刻,要连续计时,并连续记录温差和时间。

(5)待温度升高 0.8~1.0 ℃时,取下加热丝一端的夹子,关闭秒表,读取秒表通电时间 t,继续搅拌,每间隔 1 min 记录一次温差,测 10 个点为止。

(6)实验结束,将"加热功率"旋钮旋到底,按"状态转换"键置待机状态。

5. 中和热的测定

(1)将量热杯中的水倒掉,用干布擦净,重新量取 400 mL 蒸馏水注入其中,然后加入 50 mL 的 1 mol·L^{-1} 的 HCl 溶液。仔细检查碱储液管是否漏液,确定无漏液后,再取 50 mL 的 1 mol·L^{-1} 的 NaOH 溶液注入其中。

(2)适当调节磁子的转速,在待机状态下按"△""▽"键,设置定时时间为 60 s,当温差基本稳定时,由"待机"转换至"测量",温差自动采零并锁定,定时器工作。每隔 1 min 记录一次温差,记录 10 min。

(3)然后迅速拔出玻璃棒,加入碱溶液(不要用力过猛,以免相互碰撞而损坏仪器)。继续每隔 1 min 记录一次温差。

(4)加入碱溶液后,温度上升,待系统中温差几乎不变并维持一段时间即可停止测量。

注意:此过程无须对反应液进行加热。

6. 醋酸解离热的测定

(1)用 1 mol·L^{-1} 的醋酸溶液代替 1 mol·L^{-1} 的 HCl 溶液,重复上述中和热的测定步骤。

(2)实验结束,关闭电源,清洗量热杯、碱储液管和用过盛溶液的量器,将传感器、电源线、加热线取下,放入箱中,盖上盖子。

7. 量热计常数 K、中和热和醋酸解离热的计算

(1)将雷诺校正法求得的 ΔT_1、加热功率 P 和通电时间 t 代入下式,求出量热计常数 K。

$$K = \frac{Pt}{\Delta T_1}$$

(2)根据 HCl 与 NaOH 溶液反应记录的数据作图,用雷诺校正法,求温度变化量 ΔT_2 得:

$$\Delta_r H_{中和} = \frac{K\Delta T_2}{c_{酸(或碱)} V_{酸(或碱)}}$$

(3)根据醋酸与 NaOH 溶液反应记录的数据作图,用雷诺校正法,求温度变化量 ΔT_3 得:

$$\Delta_r H_m = \frac{K\Delta T_3}{c_{醋酸} V_{醋酸}}$$

(4)计算醋酸的摩尔解离热:

$$\Delta_r H_{解离} = \Delta_r H_m - \Delta_r H_{中和}$$

8. 注意事项

(1)在 3 次测量过程中,应尽量保持测定条件一致。如水和酸碱溶液体积的量取,搅拌速度的控制,初始状态的水温等。

(2)实验所用的 1 mol·L^{-1} 的 HCl、NaOH 和醋酸溶液应准确配制,必要时可进行标定。

(3)实验所求的均为 1 mol 反应的中和热,因此当 HCl 和醋酸溶液的浓度非常准确

时,NaOH 溶液的用量可稍稍过量,以保证酸完全被中和。反之,当 NaOH 溶液浓度准确时,酸可稍稍过量。

(4)在电加热测定温差 ΔT_1 过程中,要经常察看功率是否保持恒定。此外,若温度上升较快,可改为每半分钟记录一次。

(5)在测定中和反应时,当加入碱液后,温度上升很快,要读取温差上升所达的最高点,若温度是一直上升而不下降,应记录上升变缓慢的开始温度及时间,只有这样才能保证作图法求得 ΔT 的准确性。

实验4 分光光度法测定弱电解质的电离平衡常数

【预习任务单】

1. 什么是电离平衡常数?
2. 甲基红的电离平衡常数怎么表示? 其理论值是多少?
3. 如何测定甲基红的电离平衡常数? 其测定原理是什么?
4. 本实验需要使用哪些仪器测定哪些参数?
5. 这些仪器如何使用?
6. 本实验需要配制哪些溶液? 如何配制这些溶液?
7. 本实验的数据如何处理?
8. 缓冲溶液的 pH 如何计算?
9. 本实验的废液如何处理?
10. 本实验有哪些研究进展?

【实验目的】

1. 学会使用分光光度法测定溶液各组分浓度,并由此求出甲基红电离平衡常数。
2. 熟练掌握可见分光光度计的使用方法。
3. 培养耐心细致的科学精神和良好的环保意识。

【实验原理】

1. 分光光度法:分光光度法是对物质进行定性分析、结构分析和定量分析的一种常用光学分析手段,而且还能测定某些化合物的物理化学参数,例如摩尔质量、配合物的配位比和稳定常数以及酸碱电离平衡常数等。

测定组分浓度的依据是朗伯-比尔定律,一定浓度的稀溶液对单色光的吸收遵守下式:

$$A = -\lg T = -\lg \frac{I}{I_0} = \varepsilon bc \tag{5-4-1}$$

式中,A 为吸光度;T 为透光率;ε 为摩尔吸光系数(与溶液的性质有关);I 为溶液的厚度;c 为溶液浓度。

在分光光度分析中,将每一种单色光,分别依次通过某一溶液,测定溶液对每一种单色光的吸光度,以吸光度 A 对波长 λ 作图,就可以得到该物质的吸收光谱曲线,如图5-4-1所示。由图可以看出,对应于某一波长有一个最大的吸收峰,该波长称为最大吸收波长,用这一波长的入射光测定溶液的吸光度可得到最佳的灵敏度。

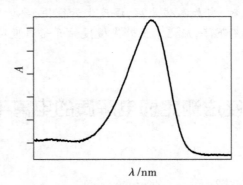

图5-4-1　某物质的紫外–可见吸收曲线

对于单组分溶液,由式(5-4-1)可知,对于固定长度吸收池,在对应最大吸收波长(λ_{max})下测定不同浓度 c 的吸光度,就可作出线性的 A-c 标准曲线,这是分光光度法的定量分析的基础。

对含有两种以上组分的溶液,情况可能会复杂一些:

(1)若两种被测组分的吸收曲线彼此不互相重合,这种情况很简单,就相当于分别测定两种单组分溶液。

(2)若两种被测定组分的吸收曲线互相重合,且遵守朗伯–比尔定律,则可在两波长 λ_1 及 λ_2 时(λ_1、λ_2 是两种组分单独存在时吸收曲线的最大吸收波长)测定其总吸光度,然后换算成被测定物质的浓度。

基于朗伯–比尔定律,假定吸收池的长度一定(一般为 1 cm),

对于单组分 A:
$$A_{\lambda}^{A} = K_{\lambda}^{A} c^{A} \tag{5-4-2}$$

对于单组分 B:
$$A_{\lambda}^{B} = K_{\lambda}^{B} c^{B} \tag{5-4-3}$$

设 $A_{\lambda_1}^{A+B}$、$A_{\lambda_2}^{A+B}$ 分别代表在 λ_1 和 λ_2 时混合溶液的总吸光度,则:

$$A_{\lambda_1}^{A+B} = A_{\lambda_1}^{A} + A_{\lambda_1}^{B} = K_{\lambda_1}^{A} c^{A} + K_{\lambda_1}^{B} c^{B} \tag{5-4-4}$$

$$A_{\lambda_2}^{A+B} = A_{\lambda_2}^{A} + A_{\lambda_2}^{B} = K_{\lambda_2}^{A} c^{A} + K_{\lambda_2}^{B} c^{B} \tag{5-4-5}$$

此处 $A_{\lambda_1}^{A}$、$A_{\lambda_2}^{A}$、$A_{\lambda_1}^{B}$、$A_{\lambda_2}^{B}$ 分别代表在 λ_1 及 λ_2 时组分 A 和 B 的吸光度。由式(5-4-4)可得:

$$c^{B} = \frac{A_{\lambda_1}^{A+B} - K_{\lambda_1}^{A} c^{A}}{K_{\lambda_1}^{B}} \tag{5-4-6}$$

将式(5-4-5)代入式(5-4-4)得:

$$c^{A} = \frac{K_{\lambda_2}^{B} A_{\lambda_2}^{A+B} - K_{\lambda_2}^{B} A_{\lambda_1}^{A+B}}{K_{\lambda_2}^{A} K_{\lambda_1}^{B} - K_{\lambda_2}^{B} K_{\lambda_1}^{A}} \tag{5-4-7}$$

这些不同的 K 值均可由纯物质求得,即是在各纯物质的最大吸收波长 λ_1、λ_2 时,测定不同浓度 c 溶液对应的吸光度 A,如果在该波长处符合朗伯-比尔定律,那么 $A\text{-}c$ 为直线,直线的斜率为 K 值。$A_{\lambda_1}^{A+B}$、$A_{\lambda_2}^{A+B}$ 是混合溶液在 λ_1、λ_2 时测得的总吸光度,因此根据式(5-4-5)、式(5-4-6)即可计算混合溶液中组分 A 和组分 B 的浓度。

甲基红溶液即为(2)中所述情况。其他情况要比(1)和(2)更复杂一些,本实验暂不作讨论。

2.甲基红电离平衡常数的测定

甲基红是一种弱酸型的染料指示剂,具有酸式(HMR)和碱式(MR^-)两种形式。它在溶液中部分电离,在碱性浴液中呈黄色,酸性溶液中呈红色。在酸性溶液中它以两种离子形式同时存在,如图 5-4-2 所示。

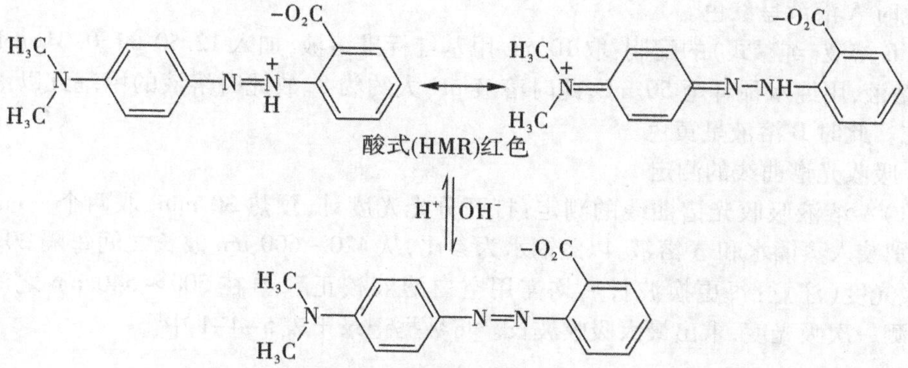

图 5-4-2　甲基红在酸碱溶液中的结构变化情况

甲基红酸式 HMR 在波长 520 nm 处对光有最大吸收;甲基红碱式 MR^- 在波长 430 nm 处对光有最大吸收,酸式吸收较小。

甲基红的电离平衡常数:

$$K = \frac{[\text{H}^+][\text{MR}^-]}{[\text{HMR}]} \tag{5-4-8}$$

等式左右两边同时取以 10 为底数的负对数,得:

$$pK = pH - \lg\frac{[\text{MR}^-]}{[\text{HMR}]} \tag{5-4-9}$$

由式(5-4-9)可知,只要测定溶液中 $[\text{MR}^-]/[\text{HMR}]$ 及溶液的 pH 值(用 pH 计测得),即可求得甲基红的 pK。

由于 HMR 和 MR^- 两者在可见光谱范围内具有强的吸收峰,溶液离子强度的变化对它的酸电离平衡常数无显著影响,且在简单 pH=4～6 的 HAc-NaAc 缓冲溶液中易使颜色改变,因此溶液中 $[\text{MR}^-]/[\text{HMR}]$ 可用分光光度法由式(5-4-6)和式(5-4-7)求得。

【仪器和试剂】

1.仪器:721N 型可见分光光度计;pH 计;容量瓶 100 mL 2 个;容量瓶 50 mL 6 个;烧

杯 25 mL 12 个;移液管 10 mL 2 支;量筒 50 mL 1 个。

2. 试剂:甲基红(分析纯);95% 乙醇;0.01 mol·L⁻¹ HCl;0.1 mol·L⁻¹ HCl;0.02 mol·L⁻¹ HAc;0.01 mol·L⁻¹ NaAc;0.04 mol·L⁻¹ NaAc。

【实验步骤】

1. 甲基红储备溶液的配制:精确称取 0.2 g 左右的甲基红固体溶解于 60 mL 95% 乙醇,定量转移至 500 mL 容量瓶中,用 95% 乙醇稀释至 500 mL。

2. 甲基红标准溶液的配制:用吸量管移取 20 mL 甲基红储备液置于 100 mL 容量瓶中,用量筒加入 50 mL 95% 乙醇,用纯水稀释至 100 mL。

3. A 溶液(纯酸式)的配制:取 10 mL 甲基红标准溶液,加入 5 mL 0.1 mol·L⁻¹ HCl 溶液,用纯水稀释至 50 mL,此时溶液 pH 大约为 2,故此时溶液的甲基红以 HMR 形式存在。此时 A 溶液呈红色。

4. B 溶液(纯碱式)的配制:取 10 mL 甲基红标准溶液,加入 12.50 mL 0.04 mol·L⁻¹ NaAc 溶液,用纯水稀释至 50 mL,此时溶液 pH 大约为 8,故此时溶液的甲基红以 MR⁻ 形式存在。此时 B 溶液呈黄色。

5. 吸收光谱曲线的测定

(1) A 溶液吸收光谱曲线的测定:打开分光光度计,预热 30 min,取两个 1 cm 比色皿,分别装入蒸馏水和 A 溶液,以蒸馏水为参比,从 420～600 nm 波长之间每隔 20 nm 测一次吸光度(注意:每更换波长后均需用空白溶液校正),再在 500～540 nm 之间每隔 10 nm 测一次吸光度,求出最大吸收波长。将数据记录于表 5-4-1 中。

表 5-4-1　纯酸式甲基红 HMR(A 溶液)在不同波长下的吸光度

λ/nm	420	440	460	480	500	510	520	530	540	560	580	600	620
A													

(2) B 溶液吸收光谱曲线的测定:取两个 1 cm 比色皿,分别装入蒸馏水和 B 溶液,以蒸馏水为参比,从 360～530 nm 波长之间每隔 10 nm 测一次吸光度(注意:每更换波长后均需用空白溶液校正),求出最大吸收波长。将数据记录于表 5-4-2 中。

表 5-4-2　纯碱式甲基红 MR⁻(B 溶液)在不同波长下的吸光度

λ/nm	360	370	380	390	400	410	420	430	440	460	480	490	500	510	520	530
A																

注意:使用分光光度计时,每次更换波长都应重新用蒸馏水调节透光率 T 为 100%,再切换至吸光度挡,然后测定溶液吸光度值。

6. 按照表 5-4-3 和 5-4-4 分别配制不同浓度的溶液

(1) 按照表 5-4-3 配制不同浓度以酸式为主的甲基红(HMR)溶液,以蒸馏水为参比溶液,分别测得每一种溶液在 520 nm 及 430 nm 处的吸光度 A(注意:每更换波长后均需用空白溶液校正)。

表 5-4-3　不同浓度以酸式为主的甲基红溶液在 520 nm 及 430 nm 处的吸光度

溶液编号	A 溶液的含量	A 溶液/mL	0.01 mol·L^{-1} HCl/mL	A 溶液浓度/mol·L^{-1}	$A_{520}^{总}$	$A_{430}^{总}$
1$^{\#}$	100%	10.00	0.00			
2$^{\#}$	75%	7.500	2.50			
3$^{\#}$	50%	5.00	5.00			
4$^{\#}$	25%	2.50	7.50			

(2)按照表 5-4-4 配制不同浓度以碱式为主的甲基红(MR^{-})溶液,以蒸馏水为参比溶液,分别测得每一种溶液在 520 nm 及 430 nm 处的吸光度 A(注意:每更换波长后均需用空白溶液校正)。

表 5-4-4　不同浓度以碱式为主的甲基红溶液在 520 nm 及 430 nm 处的吸光度

溶液编号	B 溶液的含量	B 溶液/mL	0.01 mol·L^{-1} NaAc/mL	B 溶液浓度/mol·L^{-1}	$A_{520}^{总}$	$A_{430}^{总}$
5$^{\#}$	100%	10.00	0.00			
6$^{\#}$	75%	7.500	2.50			
7$^{\#}$	50%	5.00	5.00			
8$^{\#}$	25%	2.50	7.50			

7. 配制不同 pH 的甲基红溶液:按照表 5-4-5 配制四种溶液,最终用纯水稀释至 50 mL。以蒸馏水为参比溶液,分别测得每一种溶液在 520 nm 及 430 nm 处的吸光度 A(注意:每更换波长后均需用空白溶液校正),同时利用 pH 计测定各溶液的 pH 值。

表 5-4-5　不同 pH 的甲基红溶液在 520 nm 及 430 nm 处的吸光度

溶液编号	标准溶液/mL	0.02 mol·L^{-1} HAc/mL	0.04 mol·L^{-1} NaAc/mL	pH 值	$A_{520}^{总}$	$A_{430}^{总}$
9$^{\#}$	5.00	25.00	12.50			
10$^{\#}$	5.00	12.50	12.50			
11$^{\#}$	5.00	5.00	12.50			
12$^{\#}$	5.00	2.50	12.50			

注意:在测定溶液的吸光度时,一个比色皿要使用多次,要清洗干净后,再更换溶液。

【实验注意事项】

1. 甲基红溶液、甲基红标准溶液配好后应盛于棕色瓶中。

2. 使用分光光度计时,先接通电源,预热 20 min。为了延长光电管的寿命,在不测定时,应将暗盒盖打开,测定过程中保持分光光度计干净。

3. 测定过程中,更换波长后,要用空白溶液进行校正。

4. 使用精密 pH 计前应预热 20～30 min,使仪器稳定,然后用标准溶液校准。使用中注意保护电极,使用后套上装有电极补充液的电极套。

【数据记录处理】

1. 纯酸式甲基红 HMR(A 溶液)和纯碱式甲基红 MR⁻(B 溶液)吸收曲线的绘制

基于表 5-4-1 和表 5-4-2 的实验数据,利用 Origin 软件绘制出纯酸式甲基红 HMR(A 溶液)和纯碱式甲基红 MR⁻(B 溶液)的吸收曲线($A-\lambda$ 图),并由曲线求出纯酸式甲基红 HMR(A 溶液)和纯碱式甲基红 MR⁻(B 溶液)的最大吸收波长。

2. A 溶液的摩尔吸光系数计算

基于表 5-4-3 的实验数据,分别绘制浓度与 A 溶液在 520 nm 和 430 nm 吸光度曲线,进行线性拟合,求出纯酸式甲基红 HMR 在 520 nm 和 430 nm 处的摩尔吸光系数。

3. B 溶液的摩尔吸光系数计算

基于表 5-4-4 的实验数据,分别绘制浓度与 B 溶液在 520 nm 和 430 nm 吸光度曲线,进行线性拟合,求出纯碱式甲基红 MR⁻ 在 520 nm 和 430 nm 处的摩尔吸光系数。

4. 甲基红溶液中[MR⁻]/[HMR]值的计算和甲基红溶液离解平衡常数 K 的计算

将表 5-4-3 和表 5-4-4 中计算出的摩尔吸光系数和表 5-4-5 中的吸光度,代入式(5-4-6)和式(5-4-7),可计算出 9#,10#,11#,12#溶液中[MR⁻]/[HMR]之比,由式(5-4-9)求出对应的 pK。将实验数据记录于表 5-4-6 中。

表 5-4-6 不同 pH 的甲基红溶液的数据处理结果

溶液编号	9#	10#	11#	12#
[MR⁻]/[HMR]				
pK				
pK 平均值				

【思考题】

1. 为何要先测出最大吸收波长,然后在最大吸收峰处测定吸光度?

2. 制备溶液时,所用的 HCl、HAc、NaAc 溶液起什么作用?

3. 用分光光度法进行测定时,为何要用空白溶液校正零点?

【实验讨论】

1. 实验中拟合计算 $K_{430}^{MR^-}$ 和 $K_{520}^{MR^-}$ 时,图中出现明显偏离线性关系的点,分析其原因可能是测量吸光度时没有用蒸馏水标定 100%,也有可能是比色皿换装溶液时未洗净。另外,由于分光光度计的测量精度在 0.001,所以吸光度越小,其相对误差越大,也是配制 $1^{\#} \sim 8^{\#}$ 溶液未用蒸馏水稀释的原因。

2. 常温下甲基红的 pK 为 4.95 ± 0.05,产生实验误差的原因可能是甲基红标准溶液浓度配制不准确或温度影响,温度升高,K 值会增大,pK 会减小,所以实验过程应尽量保持恒温。

3. 本实验采用的精密 pH 计的电极为复合玻璃电极,使用前需在 $3\ mol \cdot L^{-1}$ KCl 溶液中浸泡一昼夜进行活化,并且电极易破碎,勿与硬物相碰。

4. pH 计使用前需接通电源 $20 \sim 30\ min$ 后进行测定,并且要用标准的 pH 缓冲溶液校准。本次实验使用的是邻苯二甲酸氢钾,pH=4,以及磷酸盐溶液,pH 为 6.86。pH 计在使用前,先要打开静置 30 min,使电压稳定。使用前用标准液校正选择 CAL,用上下箭头选定所要标的 pH 区间,选定后按"确定"将玻璃电极用蒸馏水冲洗干净后用滤纸吸干,然后插入标定液中。然后进行上下限的标定。在每次测定溶液 pH 前,应润洗玻璃电极 $2 \sim 3$ 次,使用完毕后,为了保证玻璃电极的使用寿命,要将其置于充满蒸馏水的套中。

【拓展阅读】

1. 张建华,刘琼,陈玉苗,刘兆清,徐常威. 紫外-可见吸收光谱结合高斯多峰拟合技术测定甲基红酸离解常数(英文). 物理化学学报,2012,28(05):1030-1036.

2. 赵志玲,王裴珮,钱广生,张文胜. 紫外分光光度法测定 ET-26 盐酸盐的离解常数. 华西药学杂志,2016,31(01):66-68.

3. 范晓燕,于媛,徐嫔. 酸碱指示剂离解常数的测定. 实验室科学,2007(02):89-90.

【思政小课堂】

偶氮染料

偶氮染料是纺织品服装在印染工艺中应用最广泛的一类合成染料,用于多种天然和合成纤维的染色和印花,也用于油漆、塑料、橡胶等的着色。其是含有偶氮基两端连接芳基的一类有机化合物,在特殊条件下,它能分解产生 20 多种致癌芳香胺,有一部分含有偶氮结构的染料在经过裂解后有可能产生 24 种以上致癌芳香胺,这些偶氮染料染色的服装或其他消费品与人体皮肤长期接触后,会与代谢过程中释放的成分混合,并产生还原反应,形成致癌的芳香胺化合物,这种化合物会被人体吸收,经过一系列活化作用使人体细胞的 DNA 发生结构与功能的变化,成为人体病变的诱因,因此这些偶氮染料要回收进一步处理,不能直接排放到环境中。

【附-1-721N 可见分光光度计的使用方法】

1. 打开样品室确保样品室无物体遮挡光路;插上电源,预热 30 min;根据测定波长选择合适的比色皿,并洗干净待用。

2.旋动波长旋钮,调节至所测波长。

3.将一个比色皿装入空白溶液,另一个比色皿装入待测溶液,注意:比色皿中溶液不要太满,溶液体积占比色皿总容积的2/3即可。

4.将空白溶液和待测溶液放入样品室中,将空白溶液拉至光路中,按仪器面板上"Mode"调节测定参数至"T",即为透光率,按下"100% T",使液晶屏显示为100,即完成了仪器零点校正;再按"Mode"调节测定参数至"A",即为吸光度,并将待测样品拉至光路中,此时显示的数值即为该待测溶液的吸光度。

注意:每调节一次波长,都要用参比溶液进行零点校正。

5.测定完毕,要保持样品室干净,并清洗比色皿放回至比色皿盒中;拔掉电源,盖上防尘罩。

【附-2-PHS-2F pH 计的使用方法】

1.简介:雷磁 PHS-2F pH 计可广泛应用于高校、环保、医药、食品、卫生、地质探矿、冶金、海洋探测等领域,常见的酸雨检测、工业废水、地表水、饮用水、饮料、日化产品、纺织品等,均需要进行 pH 值、电极电位(mV)值测量。

其 pH 测量范围:0.00 ~ 14.00;电极电位测量范围:-1800 ~ 1800 mV。

2.准备

(1)安装好仪器和电极。

(2)准备标准缓冲溶液如 pH 4.00、pH 9.18 标准缓冲溶液,进行标定。

(3)将电极下端的保护瓶取下,拉下电极上端橡皮套,使其露出上端小孔,用蒸馏水清洗电极。

(4)开机。

3.标定

(1)在测量状态下,按"标定"键进入标定状态[图5-4-3(a)]。

(2)将洗净后电极放入标准缓冲溶液1(如 pH 4.00 标液)中,同时用温度计测量溶液温度。

(3)按"设置"键,通过"▲"或"▼"设置当前温度。按"确认"键回到标定状态。

(4)待读数稳定后,按"确认"键完成1点标定,此时仪器识别标液1并显示当前温度下的标准 pH 值[图5-4-3(b)]。

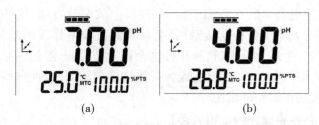

(a)   (b)

图 5-4-3   PHS-2F pH 标定状态图(a)和完成1点标定后状态图(b)

（5）若需多点标定，请更换其他标准缓冲溶液，重复（2）、（3）、（4）标定操作过程。本仪器支持最多 2 点标定，标定完 2 个标液时，仪器会自动结束标定，返回测量状态。

备注：若只需 1 点标定（电极斜率为 100%），完成 1 点标定后，按"取消"键离开标定状态，进入测量状态。

4. 测量

（1）将电极清洗干净，放入被测溶液中，同时用温度计测量溶液温度。

（2）按"设置"键，通过"▲"或"▼"选择温度设置"1"，按"确认"后进入温度值设置［图 5-4-4（a）］。

（3）通过"▲"或"▼"设置当前温度。按"确认"键回到测量状态。

（4）待数据稳定标志满格，即可读数。

（5）按"mV/pH"键可以切换 pH 和 mV 显示［图 5-4-4（b）］和［图 5-4-4（c）］。

备注：若需准确测量，请在同一温度下进行标定和测量。

图 5-4-4　PHS-2F pH 温度设置状态图（a）和"mV/pH"切换状态图（b）、（c）

5. 仪器维护与注意事项

（1）每次开机前，请检查仪器后面的电极插口，必须保证它们连接有测量电极或者 Q9 短路插头，否则有可能损坏仪器的高阻器件。

（2）Q9 短路插头请放置在干燥、洁净的环境中，防止短路插头被腐蚀，影响短路效果。

（3）仪器的电极插座须保持清洁、干燥，切忌与酸、碱、盐溶液接触。

（4）如果仪器长期不用，请注意断开电源。

6. pH 复合电极维护与注意事项

（1）测量结束后应及时将电极保护瓶套上，保护瓶内应放少量 3 mol·L^{-1}氯化钾外参比补充液，保持电极球泡的湿润，切忌将电极长期浸泡在蒸馏水中。

（2）电极的 Q9 短路插头应保持清洁干燥，防止被锈蚀短路，否则将导致测量失准或失效。

（3）电极经长期使用后，如发现斜率略有降低，则可把电极下端浸泡在 4% HF 中 3～5 s，用蒸馏水洗净，然后在 0.1 mol·L^{-1}盐酸溶液中浸泡，使之复新。

实验5　偏摩尔体积的测定

【预习任务单】

1. 什么是偏摩尔体积? 偏摩尔量是强度性质还是容量性质?
2. 本实验需要配制哪些溶液? 如何配制?
3. 本实验需要测定哪些参数? 如何测定?
4. 比重瓶如何使用? 应注意哪些问题?
5. 本实验数据如何处理?

【实验目的】

1. 掌握用比重瓶测定溶液密度的方法。
2. 加深理解偏摩尔量的物理意义。
3. 测定乙醇-水溶液中各组分的偏摩尔体积。
4. 培养细致耐心的科学精神。

【实验原理】

在温度和压强不变的多组分体系中,某组分 i 的偏摩尔体积定义为:

$$V_{i,\mathrm{m}} = \left(\frac{\partial V}{\partial n_i} \right)_{T,P,n_j(i \neq j)} \tag{5-5-1}$$

若是二组分体系,则有:

$$V_{1,\mathrm{m}} = \left(\frac{\partial V}{\partial n_1} \right)_{T,P,n_2} \tag{5-5-2}$$

$$V_{2,\mathrm{m}} = \left(\frac{\partial V}{\partial n_2} \right)_{T,P,n_1} \tag{5-5-3}$$

体系总体积为:

$$V = n_1 V_{1,m} + n_2 V_{2,m} \tag{5-5-4}$$

式中,n_1 和 n_2 分别为溶液中组分1和组分2的物质的量。将式(5-5-4)两边同除以溶液质量 W,得:

$$\frac{V}{W} = \frac{m_1}{M_1} \cdot \frac{V_{1,\mathrm{m}}}{W} + \frac{m_2}{M_2} \cdot \frac{V_{2,\mathrm{m}}}{W} \tag{5-5-5}$$

令

$$\frac{V}{W} = \alpha, \quad \frac{V_{1,\mathrm{m}}}{M_1} = \alpha_1, \quad \frac{V_{2,\mathrm{m}}}{M_2} = \alpha_2 \tag{5-5-6}$$

式中,α 为溶液的比容;α_1,α_2 分别为组分1、2的偏质量体积。

将式(5-5-6)代入式(5-5-5)可得:

$$\alpha = W_1\alpha_1 + W_2\alpha_2 = (1-W_2)\alpha_1 + W_2\alpha_2 \tag{5-5-7}$$

式中,W_1 和 W_2 分别为组分1、2的质量分数。

将式(5-5-7)对 W_2 微分,得:

$$\frac{\partial \alpha}{\partial W_2} = -\alpha_1 + \alpha_2 \tag{5-5-8}$$

将式(5-5-8)代回式(5-5-7),整理得:

$$\alpha_1 = \alpha - W_2 \frac{\partial \alpha}{\partial W_2} \tag{5-5-9}$$

和

$$\alpha_2 = \alpha + W_1 \frac{\partial \alpha}{\partial W_2} \tag{5-5-10}$$

所以,实验求出不同浓度溶液的比容 α,作 α-W_2 关系图,得曲线 CC'(图5-5-1)。欲求 M 点浓度溶液中各组分的偏摩尔体积,可在 M 点作切线,此切线在两边的截距 AB 和 $A'B'$ 即为 α_1 和 α_2,再由关系式(5-4-6)就可求出 $V_{1,m}$ 和 $V_{2,m}$。

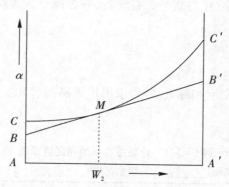

图 5-5-1　比容-质量分数关系图

【仪器与试剂】

1. 仪器:恒温槽 1 套;大量程分析天平;比重瓶(10 mL)2 个;磨口三角瓶(50 mL)4 个。

2. 试剂:无水乙醇(AR);纯水。

【实验步骤】

1. 调节恒温槽温度为(25.0±0.1) ℃。

2. 溶液的配制:以无水乙醇(E)及纯水(A)为原液,在磨口三角瓶中用工业天平称重,分别配制含 E 质量分数为 0%,20%,40%,60%,80%,100% 的乙醇水溶液,每份溶液的总质量控制在 15 g 左右。配好后盖紧塞子,以防挥发。摇匀后测定每份溶液的密度。

3. 密度的测定:在相同温度和压强下,将干燥洁净的空比重瓶置于分析天平中称重,其质量为 m_0,然后盛满待测溶液(注意不得存留气泡)置于恒温槽中恒温 10 min(注意:恒温过程应密切注意毛细管出口液面,如因挥发液滴消失,可滴加少许被测溶液以防挥发之误)。用滤纸迅速擦去毛细管膨胀出来的溶液。取出比重瓶,擦干外壁,迅速称重,得比重瓶与内装待测溶液的总质量 m_1。

将比重瓶中的待测液全部倒出,吹干,在分析天平上称量干燥洁净的空比重瓶 m'_0,然后盛满纯水(注意不得存留气泡)置于恒温槽中恒温 10 min。用滤纸迅速擦去毛细管膨胀出来的水。取出比重瓶,擦干外壁,迅速称重,得比重瓶与内装水的总质量 m'_1。基于如下公式可计算出待测溶液的密度,其中水的密度可通过查表得出。

$$\rho_{待测} = \frac{m_1 - m_0}{m'_1 - m'_0}\rho_{H_2O} \qquad (5-5-11)$$

【实验注意事项】

1. 实际仅需配制四份溶液,可用移液管加液,但乙醇含量根据称重算得。

2. 每份溶液用两比重瓶进行平行测定或每份样品重复测定 3 次,结果取其平均值。

3. 拿比重瓶应手持其颈部。恒温过程应密切注意毛细管出口液面,如因挥发液滴消失,可滴加少许被测溶液以防挥发之误。

4. 比重瓶装填液体时,注满比重瓶。轻轻塞上塞子,让瓶内液体经由塞子毛细管溢出,注意瓶内不得留有气泡,比重瓶外如有溶液,务必擦干。实验过程中毛细管里始终要充满液体,注意不得存留气泡。

5. 比重瓶务必洗净干燥。

【数据记录与处理】

1. 根据 25 ℃时水的密度和称重结果,求出比重瓶的容积。将实验数据记录于表 5-5-1 中。

表 5-5-1 比重瓶容积的测定数据表

实验室温度:_____;气压:_____;纯水密度:_____

比重瓶编号	空比重瓶质量/g	水与比重瓶总质量/g	比重瓶的容积/mL
1			
2			

2. 根据所测不同组成溶液的质量数据,用式(5-5-11)计算所配溶液的密度,并计算实验条件下各溶液的比容。将实验数据记录于表 5-5-2 中。

表 5-5-2 不同组成溶液的密度和比容的数据表

实验室温度:_____;气压:_____;纯水密度:_____

溶液组成	空比重瓶质量/g	溶液和比重瓶总质量/g	溶液质量/g	溶液密度/(g·mL^{-1})	比容/(mL·g^{-1})
0%					
20%					
40%					
60%					
80%					
100%					

3.作比容对溶液组成曲线,用计算机对所作的曲线进行拟合,求函数,并求得切线方程。

【思考题】

1.使用比重瓶应注意哪些问题?

2.如何使用比重瓶测量粒状固体物的密度?

3.为提高溶液密度测量的精度,可作哪些改进?

【实验讨论】

1.实验前最好将比重瓶编号,注意盖和瓶身要配套,以免混淆。称量时要迅速,以免温度发生变化。

2.在数据处理时,要准确画出切线,不可盲目而定。

3.溶液的密度要测定准确,可平行测定三次,求平均值。

【拓展阅读】

1.王金虎,罗海南,夏雁青,刘春丽,张琳.一种新的测定偏摩尔体积方法探究.山东化工,2021,50(02):101-104.

2. Jirasek F, Garcia E J, Hackemann E, Galeotti N and Hasse H. Influence of pH and salts on partial molar volume of lysozyme and bovine serum albumin in aqueous solutions. Chemical Engineering & Technology, 2018, 41:2337-2345.

【思政小课堂】

化学工业先驱——侯德榜

侯德榜(1890—1974),名启荣,字致本,生于福建闽侯,我国著名科学家,杰出化学家,侯氏制碱法的创始人,中国重化学工业的开拓者。他打破了苏尔维集团70多年对制碱技术的垄断,发明了世界制碱领域最先进的技术,并为祖国的化工事业奋斗终生。他积极传播交流科学技术,培育了很多科技人才,为发展科学技术和化学工业做出了卓越贡献。他犹如一块坚硬的基石,与范旭东、陈调甫等实业家、化学家一起,托起了中国现代化学工业的大厦。

【附-比重瓶的使用方法】

1.简介:比重瓶是一种测量液体或固体粉末密度的玻璃器具。

2.使用方法:在相同温度和压强下,将干燥洁净的空比重瓶置于分析天平中称重,其质量为 m_0,然后盛满待测溶液(注意不得存留气泡)置于恒温槽中恒温10 min(注意:恒温过程应密切注意毛细管出口液面,如因挥发液滴消失,可滴加少许被测溶液以防挥发之误)。用滤纸迅速擦去毛细管膨胀出来的溶液。取出比重瓶,擦干外壁,迅速称重,得比重瓶与内装待测溶液的总质量 m_1。

将比重瓶中的待测液全部倒出,吹干,在分析天平上称量干燥洁净的空比重瓶 m'_0,然后盛满纯水(注意不得存留气泡)置于恒温槽中恒温10 min。用滤纸迅速擦去毛细管膨胀出来的水。取出比重瓶,擦干外壁,迅速称重,得比重瓶与内装水的总质量 m'_1。基于如下公式可计算出待测溶液的密度。

$$\rho_{待测} = \frac{m_1 - m_0}{m'_1 - m'_0}\rho_{H_2O}$$

3. 注意事项

（1）比重瓶必须洁净、干燥（所附温度计不能采用加温干燥），操作顺序为先称量空比重瓶重，再装供试品称重。最后装水称重。

（2）装过供试液的比重瓶必须冲洗干净，如供试品为油剂，测定后应尽量倾去，连同瓶塞可先用石油醚和氯仿冲洗数次，待油完全洗去，再以乙醇、水冲洗干净，再依法测定水重。

（3）供试品及水装瓶时，应小心沿壁倒入比重瓶内，避免产生气泡，如有气泡，应稍放置，待气泡消失后再调温称重。供试品如为糖浆剂、甘油等黏稠液体，装瓶时更应缓慢沿壁倒入，以防因黏稠度大产生的气泡很难逸去而影响测定结果。

（4）将比重瓶从水浴中取出时，应用手指拿住瓶颈，而不能拿瓶肚，以免液体因手温影响体积膨胀外溢。

（5）测定有腐蚀性供试品时，为避免腐蚀天平盘，可在称量时用一表面皿放在天平盘上，再放比重瓶称量。

（6）当室温高于20.9 ℃或各品种项下规定的温度时，必须设法调节环境温度至略低于规定的温度。否则，易造成虽经规定温度下平衡的比重瓶内的液体在称重过程中因环境温度高于规定温度而膨胀外溢，产生误差。

实验6　凝固点降低法测定摩尔质量

【预习任务单】

1. 什么是稀溶液的依数性？
2. 什么是纯溶剂的凝固点？
3. 什么是溶液的凝固点？
4. 本实验使用什么溶剂测定哪种物质的摩尔质量？其理论值是多少？
5. 本实验需要什么仪器测定哪些参数？
6. 在实验过程中，需要注意哪些事项？
7. 什么是过冷现象？避免过冷的技术关键是什么？
8. 溶剂与溶液的冷却曲线有什么区别？
9. 本实验的数据如何处理？

【实验目的】

1. 学会利用凝固点降低法测定萘的摩尔质量。
2. 掌握溶液凝固点的测定技术，加深对稀溶液依数性质的理解。
3. 培养严谨求实的科学态度，不畏困难、刻苦钻研的科学精神，绿色发展的理念及用发展的眼光看问题的哲学思想。

【实验原理】

1. 稀溶液具有依数性,其中凝固点下降是依数性的一种表现。当稀溶液凝固析出纯固体溶剂时,此时的温度称为溶液的凝固点,其值低于纯溶剂的凝固点,当溶液浓度很稀并且溶剂种类和数量都确定时,其降低值仅与所含溶质分子的数目有关。

稀溶液的凝固点降低(对析出物为纯固相溶剂的系统)与溶液成分的关系式为:

$$\Delta T_f = \frac{R(T_f^*)^2}{\Delta H_m} \cdot \frac{n_2}{n_1 + n_2} \tag{5-6-1}$$

式中,ΔT_f 为凝固点降低值(K);T_f^* 为纯溶剂的凝固点(K);ΔH_m 为摩尔凝固热($J \cdot mol^{-1}$);n_1 为溶剂的物质的量(mol);n_2 为溶质的物质的量(mol)。

当溶液很稀时,即 $n_1 \gg n_2$,则:

$$\Delta T_f = \frac{R(T_f^*)^2}{\Delta H_m} \cdot \frac{n_2}{n_1 + n_2} = \frac{R(T_f^*)^2}{\Delta H_m} \cdot \frac{n_2}{n_1} = \frac{R(T_f^*)^2}{\Delta H_m} \cdot M_1 m_2 = K_f m_2 \tag{5-6-2}$$

式中,M_1 为溶剂的摩尔质量($kg \cdot mol^{-1}$);m_2 为溶质的质量摩尔浓度($mol \cdot kg^{-1}$);K_f 为溶剂的凝固点降低常数,其值只与溶剂的性质有关,与溶质的性质无关,表5-6-1为常用溶剂的凝固点降低常数 K_f。

表5-6-1 常用溶剂的凝固点和 K_f 值

溶剂	T_f^*/K	$K_f/(K \cdot kg \cdot mol^{-1})$
水	273.15	1.853
苯	278.683	5.12
萘	353.440	6.94
环己烷	279.69	20.0
樟脑	451.90	37.7
环己醇	279.694	39.3

若已知溶剂的凝固点降低常数 K_f,并测得该溶液的凝固点降低值 ΔT_f,溶剂的质量 W_1(kg)和溶质的质量 W_2(kg),即可计算出溶质的摩尔质量 M_2:

$$M_2 = K_f \cdot \frac{W_2}{\Delta T_f W_1} \tag{5-6-3}$$

该式表明了凝固点降低值的多少,直接反映了溶液中溶质的质点数目。若溶质在溶液中有离解、缔合、溶剂化和络合物的生成等情况存在,都会影响溶质在溶剂中的表观摩尔质量。因此溶液的凝固点降低法可用于研究溶液的电解质电离度、溶质的缔合度、溶剂的渗透系数和活度系数等。此外,溶液的凝固点降低法还可用于评价产品纯度,这是因为杂质会影响凝固点降低,可根据凝固点降低值估计杂质的含量。在科研中还可用来鉴定物质的纯度及求物质的熔化热,在冶金领域还可配制低熔点合金。

2.凝固点测定方法是将已知浓度的溶液逐渐冷却成过冷溶液(此时无晶体析出),然后促使溶液结晶;当晶体生成时,放出的凝固热使体系温度回升,当放热与散热达到平衡时,温度不再变化,此时固液两相达到平衡,此时的温度称为溶液的凝固点。本实验通过测定纯溶剂和溶液的凝固点之差即可求出其降低值。

对于纯溶剂来说,其在凝固前温度随时间均匀下降,当达到凝固点时,固体析出,放出热量,补偿了体系对环境的热散失,所以此时温度保持恒定,直到全部凝固后,温度再均匀下降,其冷却曲线如图5-6-1中曲线(a)。

实际上,纯液体凝固时,由于开始结晶出微小晶粒的饱和蒸气压大于同温度下的液体饱和蒸气压,所以往往产生过冷现象,即液体的温度降至凝固点以下才析出固体,随后温度再上升到凝固点,如图5-6-1中曲线(b)。

溶液的冷却情况与纯溶剂的不同,当溶液冷却到凝固点,开始析出固态纯溶剂。随着溶剂的析出,溶液的浓度相应增大。所以溶液的凝固点随着溶剂的析出而不断下降,在冷却曲线上得不到温度不变的水平线段。当有过冷情况发生时,溶液的凝固点应从冷却曲线上待温度回升后外推而得,见图5-6-1中曲线(c)。

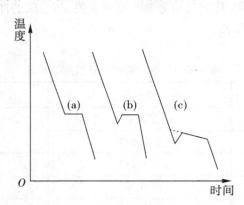

图5-6-1　溶剂和溶液的冷却曲线

【仪器与试剂】

1.仪器:SWC-LG$_D$凝固点实验装置1套;移液管;压片机1套;制冰机;分析天平;温度计等。

2.试剂:环己烷(AR),萘(AR)。

【实验步骤】

1.按照图5-6-2安装调试凝固点测定装置,注意测定管、温度探头、搅拌棒都必须干燥清洁,温度探头、搅拌棒和测定管内壁之间应有一定空隙,防止搅拌时发生摩擦。

2.打开电源开关,温度显示为实时温度,温差显示为以20 ℃为基准的差值(但在10 ℃以下显示的是实际温度)。

3.向冰浴槽中加入适量的冰和水,将温度计插入冰浴槽中,调节冰浴温度,使其低于环己烷凝固点温度 2~3 ℃,并经常搅拌,不断加入碎冰以使其温度基本保持不变。然后将空气套管插入槽中,按下"锁定键"。

4. 环己烷凝固点的测定:用 25 mL 移液管准确移取 25 mL 环己烷小心注入测定管中(注意:环己烷不能粘在测定管内壁上),塞紧橡胶塞,防止环己烷挥发。插入温度传感器,将装有环己烷的测定管直接插入冰浴槽中,观察温度,直至温度显示稳定不变,此时温度就是环己烷的初测凝固点。

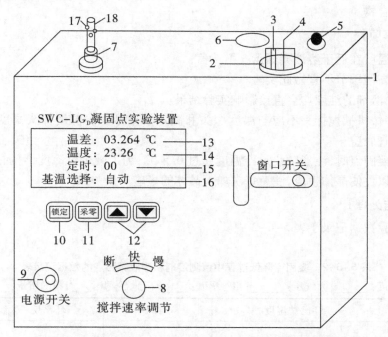

1—冰浴槽;2—凝固点测定口(空气套管口);3—传感器插孔;4—搅拌棒;5—冰浴槽手动搅拌器;6—凝固点初测口;7—紧固螺帽;8—搅拌速率调节旋钮;9—电源开关;10—锁定键:锁定选择的基温,按下此键,采零和基温自动选择都不起作用,基温选择为锁定;11—采零键:用以消除仪表当时的温差值,使温差值显示"0.000"(当所测凝固点大于 20 ℃时,使用此键);12—定时键:设定时间 0~99 秒增减键;13—温差显示:显示温差值;14—温度显示:显示传感器所测的实际温度值;15—定时显示:显示设定的间隔时间;16—基温选择:显示基温选择的状态(自动或锁定),自动状态时基温自动选择;17—定位孔;18—螺杆

图 5-6-2 SWC-LG$_D$凝固点实验装置图

取出凝固点测定管,用掌心加热使环己烷熔化,再次插入冰浴槽中,缓慢搅拌,当温度降低到高于初测凝固点的 0.5 ℃时,迅速将测定管取出、擦干,插入空气套管中,搅拌。按"锁定"键,再按"归零"键,开始计时,使环己烷温度均匀下降,每隔 15 s 测一次温度,当温度低于初测凝固点时,应快速搅拌(防止过冷超过 0.5 ℃),促使固体析出,温度开始上升,搅拌减慢,注意观察温差值的变化,直至稳定,此即为环己烷的凝固点。可重复测

定三次,求其平均值,要求绝对平均误差<±0.003 ℃。

5. 萘-环己烷溶液凝固点的测定:取出凝固点测定管,用掌心加热使环己烷熔化,小心加入事先压成片状的0.2~0.3 g的萘,待溶解后,用步骤4中的方法测定溶液的凝固点。可以先初测凝固点作为参考温度,再精确测定,溶液的凝固点可以取过冷后温度回升后所达的最后温度,重复三次,要求绝对平均误差<±0.003 ℃。

6. 测定结束后,关闭仪器电源,将环己烷溶液倒入有机废液回收桶内,清洗测定管,排净冰水混合物。

【实验注意事项】

1. 冰浴温度在低于溶液凝固点3 ℃为宜。

2. 高温高湿季节不宜做此实验。

3. 溶质、溶剂的纯度均会直接影响实验结果。

4. 实验时,机械搅拌头不应与温度探头和测定管壁摩擦。温度探头高度应合适,不应触抵测定管底壁。

5. 测定凝固点时,注意防止过冷温度超过0.5 ℃,为了减少过冷度,可加入少量溶剂的微小晶体以促使晶体生成,注意每次加入晶体的量应尽量一致。

【数据记录与处理】

1. 将实验数据记录于表5-6-2中。

表5-6-2　凝固点降低过程中精测溶剂和溶液凝固点的数据记录表

实验室温度:_____;大气压:_____;相对湿度:____;环己烷体积:____;萘的质量:____

时间	环己烷温度/℃	时间	环己烷+萘温度/℃
...			

2. 利用下式计算室温时环己烷的密度ρ,然后求出环己烷的质量W_1。

$$\rho(\text{kg}\cdot\text{L}^{-1})=0.7971\times10^3-0.8879t$$

3. 分别作出纯溶剂和溶液的冷却曲线,求出纯溶剂T_f^*和溶液的凝固点T_f(其中求溶液的凝固点T_f时,将溶液凝固后温度回升又下降的部分作反向延长线,与开始的温度下降线相交,分别选取线性程度较好的有效数据区进行线性拟合,所得到两条直线的交点即为溶液的凝固点T_f)。求出ΔT_f,代入相关公式,计算萘的摩尔质量。

【思考题】

1. 为什么要先测近似凝固点?

2. 为什么会产生过冷现象? 怎么知道溶液已经过冷了? 如何控制过冷程度?

3. 根据什么原则考虑加入溶质的量? 太多或太少影响如何?

4. 为什么测定纯溶剂的凝固点时,过冷程度大一些对测定结果影响不大,而对测定溶液凝固点时却尽量减少过冷现象?

5. 影响凝固点精确测量的因素有哪些?

【实验讨论】

1. 萘的摩尔质量是 128.171 g·mol^{-1},实验测定值与文献值的相对误差应小于 3%。

2. 由于溶液的凝固点随着溶剂的析出而不断下降,冷却曲线上得不到温度不变的水平线段,因此在测量过程中,析出的固体越少越好,以减少溶液浓度的变化,才能准确测定溶液的凝固点。若过冷太甚,溶剂凝固越多,溶液的浓度变化太大,使测量值偏低。在实验过程中可通过加速搅拌、控制过冷温度、加入晶种等控制过冷度。

3. 搅拌速度的控制对本实验影响较大,开始时缓慢搅拌,当温度降到高于环己烷凝固点参考温度 0.5 ℃时,应快速搅拌,促使固相骤然析出大量的微小晶体,保证固液两相充分接触达到平衡,防止过冷现象。

4. 凝固点的确定较为困难。先测一个近似凝固点,精确测量时,在接近近似凝固点时,降温速度要减慢,到凝固点时快速搅拌。

5. 溶液的冷却曲线与纯溶剂的冷却曲线不同,不出现平台,只出现拐点,即当析出固相,温度回升到平衡温度后,不能保持一定值,因为部分溶剂凝固后,剩余溶液的浓度逐渐增大,平衡温度要逐渐下降。

6. 用凝固点降低法测相对分子质量只适用于非挥发性溶质且非电解质的稀溶液。

【拓展阅读】

1. 何漫,高美,廖知常,王雪飞,田志远,陈波珍. 凝固点降低法测摩尔质量实验改进. 实验室研究与探索,2021,40(03):212-215.

2. 孟庆民,俞英,黄海燕,张民,杨娣红,高成地. 凝固点降低法测定摩尔质量实验体系的绿色化研究. 实验室科学,2016,19(01):33-35+38.

3. 杨小勇,邱会华. 绿色环保的"凝固点降低法测定摩尔质量"实验. 实验室科学,2015,18(01):33-36.

4. 吴林钢,洪琴,赵云兰,李祖贵,戴杰,孙伟坚,李伟刚,王宁,王淋,曾小文,洪立,陈定奔,陈丹,钟爱国. 凝固点降低法测定摩尔质量实验试剂的改进. 当代化工,2018,47(02):232-235+239.

5. 王前. 凝固点降低法测定摩尔质量实验的优化改进. 首都师范大学学报(自然科学版),2018,39(05):54-58.

6. 张朵. 凝固点降低法研究离子液体[C$_n$mim][Pro](n=3,5)稀溶液的活度系数. 辽宁大学,2017.

【思政小课堂】

融雪剂

融雪剂是指可以降低冰雪融化温度的人工化学药剂。融雪剂分为无机和有机融雪剂,有机融雪剂比较环保,对环境危害较小,但价格较高,主要应用于机场跑道、露天体育场馆等区域的清雪。融雪剂通过降低冰雪融化温度融化道路上的积雪,便于道路疏通,播撒处效果明显,但是普通融雪剂原料易得,价格低廉,其成分主要是醋酸钾和氯盐,并以这两种进行分类。普通"氯盐类"融雪剂虽然便于融雪、除雪,价格也便宜,但是融化后的雪或冰变成液体,就流入下水设施、农田等,对环境危害极大,它会给道路两旁的农田、绿化带来毁灭性的打击,它还缩短道路寿命,特别是沥青道路更为严重,并且腐蚀金属和汽车橡胶轮胎。因此,我们有必要加快创新力度尽快研究价廉环境友好型的融雪剂。

【附-SWC-LG_D 凝固点实验装置使用方法】

1. 面板示意图
(1)前面板示意图(见图 5-6-2)。
(2)后面板示意图(图 5-6-3)。

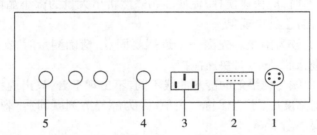

1—温度传感器插座;2—USB 接口;3—电源插座(内含 2 A 保险丝);4—保险丝座(0.5 A)(电机保护);5—放水口

图 5-6-3 SWC—LG_D 凝固点实验装置后面板示意图

2. 使用方法
(1)检查传感器探头的编号和仪表出厂编号应一致。将传感器插头插入后面板上的传感器接口(槽口对准)。
(2)将交流 220 V 电源接入后面板上的电源插座。
(3)打开电源开关,此时显示屏显示厂名、网址、联系电话,数秒后显示实时温度、温差值。如图 5-6-4 所示。

```
温差:03.264 ℃
温度:23.26  ℃
定时:00
基温选择:自动
```

图 5-6-4 开机后液晶屏显示图

(4)调节冰浴温度。先将仪器的放水口接上橡胶管,用止水夹夹住放水管以使冰浴的水不至流出,将温度传感器探头插入冰浴槽中,在冰浴槽中放入碎冰、自来水及食盐。

注意:自来水要少加、缓加,只要能将冰块浮起至样品液面以上即可,食盐应少量加入,并搅拌溶解后再逐渐加入。冰浴温度达到 -3.5 ℃左右即为调温完成。

(5)安装样品管。将空气套管放入冰浴中紧固好,用初测口的盖子盖住其管口,以使其内表面保持干燥。准确移取 25 mL 溶剂放入洗净烘干的样品管中。将温度传感器从冰浴中取出,用蒸馏水冲洗干净,将其插入样品管盖中,然后将样品管盖塞入样品管中。

注意:温度传感器应插入与样品管管壁平行的中央位置,插入深度至样品管底部。

(6)安装搅拌装置。将搅拌棒、传感器放入样品管中,传感器置于搅拌棒底部圆环内。将横连杆插入搅拌器螺杆上的定位孔中,再将搅拌棒挂在横连杆上,适当拧紧紧固螺帽,使横连杆能水平转动而不滑落。将样品管放入空气套管中,上下运动搅拌杆,应运动自如。将搅拌杆挂钩钩在横连杆上,置开关于“慢”挡,调节样品管盖,使搅拌自如,下落时,以搅拌圈能碰到样品管底部为佳。停止搅拌,然后将横连杆套上止紧橡胶圈(“O”型圈),并左推到底,防止搅拌时搅拌杆脱落,拧紧紧固螺帽。

(7)样品管取出。将搅拌横连杆上止紧橡胶圈右移,向左拉动横连杆,从横连杆上脱开挂钩,取出样品管。

(8)初测样品的凝固点。将样品管从空气套管中取出(如有结冰请用手心将其捂化),插入初测口,盖好空气套管口,用手动方式不停地慢速搅拌样品。待样品温度降到 $0\sim8$ ℃之间时,按下“锁定”键,使基温选择由“自动”变为“锁定”。观察温差显示值,其值应是先下降至过冷温度,然后急剧升高,最后温差显示值稳定不变时,记下温差值(此即为样品的初测凝固点)。

(9)精测样品的凝固点。拿出样品管,手动搅拌让样品自然升温并融化(不要用手捂),此时样品管中样品缓慢升温,当样品管温度升至样品中还留有少量冰花时,将样品管放入空气套管中并连接好搅拌系统,将搅拌速度置于慢挡,此时应每隔 15 s 记录温差值 ΔT(如与电脑连接此时点击开始绘图)。当温度低于粗测凝固点 0.1 ℃时,应调节搅拌速度为快速(注:此时无须再调节搅拌速度,直到实验结束),加快搅拌,促使固体析出,温度开始上升,注意观察温差显示值,直至稳定,持续 60 s,此即为样品的凝固点。

注意:
①若样品降温速度较慢,建议将空气套管中加入 15 mL 纯乙醇。
②若过冷太深,则按(8)重新让样品结晶,再按(9)精测凝固点。
③若样品管管壁有结冰时,一定要用搅拌杆将其刮落并融化。
④在样品均匀降温过程中,应间断地观察并搅拌冰浴,以使其温度较均匀,并可使其温度保持 $-3\sim-3.5$ ℃。若冰浴温度高于 -2.5 ℃,则实验难以完成。

按步骤(9)重复实验两次。

(10)溶液凝固点的测定。取出样品管,用手心捂热,使管内冰晶完全融化,向其中投入已称重 1 g 左右的萘片(也可采用蔗糖等其他溶质),待其完全溶解后,按步骤(8)重复实验,测得该溶液的初测凝固点,再按步骤(9)重复实验三次,测得该溶液的凝固点。

（11）整理相关实验数据，填写实验表格。关闭搅拌系统（将"搅拌速率调节"开关拨至"停"挡即可）。关闭电源开关，拔下电源插头。

（12）清洗冰浴，清洗相关实验部件。向冰浴中通入自来水，清洗冰浴中的盐和水，注意不要注水过猛、过多，使水溢到机箱内部，用干净的不含盐的抹布擦拭仪器的外表。如果放水管放不出水来，可能是盐粒过多堵塞管道，可以用洗耳球向其中猛打空气将管道疏通。

3.维护及注意事项

（1）实验过程中一般用慢挡搅拌，只有在过冷时，晶体大量析出时采用快挡搅拌，以促使体系快速达到热平衡。

（2）实验的环境气氛和溶剂、溶质的纯度都直接影响实验的效果。

（3）冰浴槽温度应低于溶液凝固点3 ℃为佳。一般控制在低于3.5 ℃左右。本装置使用自动搅拌。

（4）传感器和仪表必须配套使用（传感器探头编号与仪表的出厂编号应一致），以保证检测的准确度，否则，温度检测准确度将有所下降。

（5）冰浴中冷剂的冰面应高于样品液面，但不要过高。

（6）冰浴中的水没有完全排空前，禁止将仪器侧倒。

（7）由于慢速搅拌时，阻力较大，不容易启动，所以先拨到"快"挡搅拌，启动后再拨到"慢"挡搅拌。

（8）如电机不搅拌，请检查0.5 A保险丝是否熔断。如熔断请更换。

实验7　二组分简单共熔系统相图的绘制

【预习任务单】

1.什么是相图？如何分析相图？有什么研究意义？

2.相图的绘制方法有哪些？本实验采用何种方法绘制相图？

3.什么是步冷曲线？其各线段代表什么物理意义？

4.本实验需要测定哪些实验参数？如何测定？

5.如何利用步冷曲线绘制相图？

【实验目的】

1.学会用热分析法测绘 Pb-Sn 二组分简单共熔系统相图，并掌握应用步冷曲线数据绘制二元系统相图的基本方法。

2.了解步冷曲线及相图中各曲线所代表的物理意义。

3.培养大胆细致的科学精神。

【实验原理】

1.相是指体系内部物理性质和化学性质完全均匀的一部分。相平衡是指多相系统中组分在各相中的量不随时间而改变。研究多相系统的状态如何随组成、温度、压强等变量的改变而发生变化,并用图形来表示系统状态的变化,这种图就叫相图。相图中能反映出相平衡情况,由于相图能反映出多相平衡系统在不同自变量条件下的相平衡情况,因此,研究多相体系的性质,以及多相体系相平衡情况的演变,都要用到相图。

2. 热分析法是一种绘制相图的方法,在定压条件下,先将系统加热至熔融成一均匀液相,然后让体系逐渐冷却,作温度对时间变化曲线,即步冷曲线。若系统有相变,必然会伴随热效应,即在其步冷曲线中会出现转折点或水平段,其中转折点表示温度随时间的变化率发生了变化,水平段表示在水平段内,温度不随时间而变化。从步冷曲线有无转折点即可知道有无相变。测定一系列组成不同样品的步冷曲线,从步冷曲线上找出各相应系统发生相变的温度,就可绘制出被测系统的相图(图 5-7-1)。

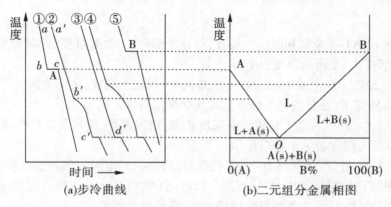

图 5-7-1　基于步冷曲线绘制相图

(a)步冷曲线　　　　(b)二元组分金属相图

纯物质的步冷曲线如①、⑤所示,如曲线①从高温冷却,开始降温很快,ab 线的斜率取决于系统的散热程度,冷却到 A 的熔点时,固体 A 开始析出,系统出现两相平衡(液相和固相 A),此时温度维持不变,步冷曲线出现水平段 bc,直到其中液相全部消失,温度才下降。

混合物步冷曲线如②、④所示,如曲线②起始温度下降很快(如 $a'b'$ 段),冷却到 b' 点时,开始有固体 A 析出,这时体系呈两相,因为液相的成分不断改变,所以其平衡温度也不断改变。由于凝固热的不断放出,其温度下降较慢,曲线的斜率较小($b'c'$ 段)。到了低共熔点 c' 后,体系出现三相平衡,温度不再改变,步冷曲线又出现水平段,直到液相完全凝固后,温度又迅速下降。

曲线③表示其组成恰为最低共熔混合物的步冷曲线,其形状与纯物质相似,但它的水平段是三相平衡。

用步冷曲线绘制相图是以横轴表示混合物的成分,纵轴标出开始出现相变(即步冷曲线上的转折点)的温度,再把这些点连接起来即可得到相图。图 5-7-1(b)是基于不同组成二元金属系统的步冷曲线绘制出的形成简单低共熔混合物的二组分系统相图。图中 L 为液相区;L+A(s)表示该区为纯 A(s)与液相共存的两相区;L+B(s)表示该区为纯

B(s)与液相共存的两相区;水平线段以下表示纯 A(s)和纯 B(s)共存的两相区;O 为低共熔点。

【仪器与试剂】

1.仪器:SKWL-Ⅱ金属相图实验装置;4 个金属样品管。

2.试剂:铅粒;锡粒。

【实验步骤】

1.样品制备:在分析天平上称取铅粒和锡粒,配制含锡质量分数分别为 20%、40%、61.90%和 80%的铅和锡混合物,充分混合,每一个混合物的总质量为 100 g,分别放在 4 个做好标记的硬质样品管中,再各加入少量石蜡油(约 3 g),以防止金属在加热过程中接触空气被氧化。

2.测试

(1)连接 SKWL-Ⅰ金属相图实验装置,打开电源开关,置数灯亮,此时温度显示Ⅰ、Ⅱ分别显示传感器Ⅰ、Ⅱ所测介质温度。

(2)打开 KWL-09 电路电源,将"冷风量调节"旋钮旋到底,关闭冷风。

(3)将传感器Ⅰ、Ⅱ分别插入样品测试区的样品管中。

(4)按"工作/置数",进入设置目标温度状态,根据需要,设置所需目标温度和定时时间,且目标温度由温度显示Ⅰ窗口显示。

(5)按"工作/置数"键,"工作"指示灯亮,仪器进入对电炉加热控温状态。

(6)当温度达到目标温度时,应恒温一段时间(大约 10 min),待样品完全熔化后,可用热电偶轻轻搅拌样品,使各处温度均匀一致,避免过冷现象发生。

(7)将"工作/置数"键置于"置数"状态,设备停止加热,样品进入冷却状态,当温度开始下降时,可记录两份样品的实时温度,每隔 60 s 记录一次其温度,当温度下降到 100 ℃左右时,停止记录。如与电脑连接,可通过电脑自动读取样品温度并绘制降温曲线。

(8)当两份样品结束测试后,将两份样品放入试管摆放区冷却。

(9)将待测的另两份样品分别放入左右两个测/控温区,再按上述过程进行加热、冷却和测定。

3.测试结束:所有样品测试完毕后,顺时针调节"冷风量调节"旋钮至最大,对炉体降温,待炉体降至室温时,关闭所有设备电源。

【实验注意事项】

1.电炉加热时注意温度不宜升得太高,防止石蜡油炭化和欲测金属样品被氧化。熔化样品时,升温速率不能太快,待金属熔化后,即可停止加热。

2.每次实验要保证样品完全熔化,熔化后还要使温度升高 30 ℃左右。

3.样品冷却时,在物质析出前应持续轻微搅拌,防止出现过冷现象。搅拌时,应注意热电偶不得短路,并确保热电偶顶端处于样品中部。冷却速度保持在 $6\sim8$ K·min^{-1}。

4.实验过程中要保证样品不被污染。

【数据记录与处理】

1. 记录每一组分的温度随时间变化值。将实验数据记录于表 5-7-1 中。

表 5-7-1　不同铅和锡组成系统在冷却时温度随时间变化表

实验室温度：_____；大气压：_____

20%		40%		61.90%		80%	
时间	温度	时间	温度	时间	温度	时间	温度
…							

2. 作各组分系统的步冷曲线,找出拐点及水平线段对应的温度。
3. 作 Pb-Sn 的相图。

【思考题】

1. 作相图还有哪些方法？
2. 对于不同成分混合物的步冷曲线其水平段有什么不同？
3. 某 Pb-Sn 合金样品已失去了标签,用什么方法确定其组成？
4. 在相同条件下,降温过快会对步冷曲线产生什么影响？过慢会使步冷曲线发生什么改变？

【实验讨论】

1. 通过查表得:纯铅的熔点是 327.502 ℃,纯锡的熔点为 231.89 ℃。
2. 步冷曲线的斜率即温度变化斜率,取决于系统与环境间的温差、系统的热容量和热传导等因素,当固体析出时,放出凝固热,使步冷曲线发生折变,折变是否明显取决于放出的凝固热能抵消散失热量多少,若放出的凝固热能抵消散失热量的大部分,折变就明显,否则就不明显。故在室温较低的冬季,有时在降温过程中需给电炉一定电压来减缓冷却速度,以使折变明显。
3. 测定一系列组分不同的样品的步冷曲线可以绘制相图,但是在很多情况下,随物相变化产生的热效应很小,步冷曲线上的转折点不明显。另外一些金属的蒸气对人体有害,因此现在可改用差热分析(DTA)法或差示扫描量热(DSC)法绘制金属相图。
4. 二组分金属相图,常被用于冶炼和合金制备。

【拓展阅读】

1. 陈茂龙,王少芬,童海霞. 巧用二组分金属固液相图的测绘实验讲授 Origin 软件入门. 化学教育(中英文),2019,40(06):85-88.

2. 吴梅芬,王晓岗,曹同成,许新华,胡慧康. 二组分合金相图实验的改进研究. 实验室科学,2010,13(05):88-90.

3. 陶伟桐. 新型金属相图测定仪的研制及其控制方法的研究. 西安:陕西师范大学,2012.

【思政小课堂】

著名物理化学家——黄子卿

黄子卿(1900—1982),中国物理化学家和化学教育家,字碧帆,生于广东梅县。1935年获得麻省理工学院哲学博士学位,历任北京协和医学院、清华大学、西南联合大学和北京大学教授,1955年被聘为中国科学院学部委员。

黄子卿一生勤奋好学,勇于探索,50多年教学和科研生涯中,涉足电化学、生物化学、热力学等多个领域。1934年他在麻省理工学院就测定了水的三相点的精确值为$(0.009\,80\pm0.000\,05)$℃。这一结果成为1948年国际温标(IPTS-1948)选择的关于水的三相点的基准参照数据之一。他从事溶液理论研究40余年,提出了盐效应的机制,阐明了盐析和盐溶与离子性质的关系;提出了简单溶剂化模型及其检验公式,并给出了估算这类体系中离子溶剂化数的方法,受到国际同行的重视。

黄子卿从事高等化学教育55年,讲课一丝不苟,立论严谨,循循善诱,使学生终生难以忘怀。他非常重视实验在化学教学中的作用,谆谆教导学生,要重视科学研究中的实验工作,一丝不苟、严格可靠,否则会得出荒谬的结论。

【附-SKWL-Ⅱ金属相图实验装置使用方法】

1. 简介:该装置由SWKY-I数字控温仪与KWL-09可控升降温电炉组成,其控温范围是0~650℃。可自动控温,恒温效果好。测量、控制数据双显示,键入式温度设定,操作简单方便。有定时读数提醒,便于使用者定时观测和记录数据。电炉采用双单元加热,可同时测定两份样品。

2. 面板示意图

(1)SWKY-I控温仪前面板如图5-7-2所示。

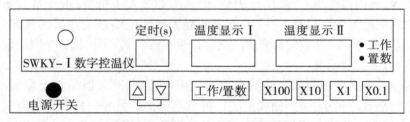

图5-7-2　SWKY-I控温仪前面板示意图

（2）KWL-09 电炉前面板如图 5-7-3 所示。

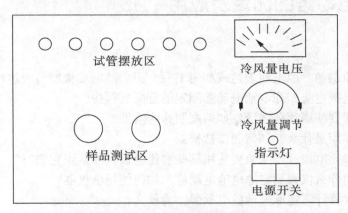

图 5-7-3　KWL-09 电炉前面板示意图

3. 使用方法

（1）打开 SWKY-I 控温仪电源,置数灯亮,此时温度显示 Ⅰ、Ⅱ 分别显示温度传感器 Ⅰ、Ⅱ 所测介质温度。

（2）打开 KWL-09 电炉电源,将"冷风量调节"旋钮左旋到底,关闭冷风。

（3）将温度传感器 Ⅰ、Ⅱ 分别插入样品测试区的样品管中。

（4）按 SWKY-I"工作/置数"键,此时面板显示为:

温度显示 Ⅰ　　温度显示 Ⅱ

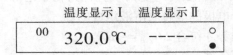

此时进入设置目标温度状态,根据需要,设置所需目标温度和定时时间,且目标温度由温度显示 Ⅰ 窗口显示。

（5）按 SWKY-I"工作/置数"键,"工作"指示灯亮,仪器进入对电炉加热控温状态。

（6）当温度达到目标温度时,应恒温一段时间(10 min 左右),待样品完全熔化后,将 SWKY-I"工作/置数"键置于"置数"状态,设备停止加热,样品进入冷却状态,此时可记录两份样品的实时温度。如与电脑连接,可通过电脑自动读取样品温度并绘制降温曲线。

（7）当两份样品结束测试后,将两份样品放入试管摆放区冷却。

（8）将待测的另两份样品分别放入左右两个测/控温区,再按上述过程进行加热、冷却和测定。

（9）所有样品测试完毕后,顺时针调节"冷风量调节"旋钮至最大,对炉体降温,待炉体降至室温时,关闭所有设备电源。

实验 8   电动势的测定及应用

【预习任务单】

1. 什么是原电池? 原电池表达式如何书写? 原电池电动势如何表达?
2. 什么是电极电势? 原电池电动势测定的意义有哪些?
3. 本实验需要使用哪些溶液? 如何配制这些溶液?
4. 盐桥的作用是什么? 如何制作盐桥?
5. 什么是参比电极? 本实验要使用哪些参比电极? 你认识它们吗?
6. 本实验用什么仪器测定原电池电动势? 如何使用该仪器?
7. 能否用伏特计测定原电池的电动势? 为什么?
8. 如何判断所测量的电动势为平衡电势?

【实验目的】

1. 掌握对消法测定电动势的原理和方法。
2. 掌握电位差计的使用方法。
3. 了解可逆电池的应用。
4. 培养一丝不苟和勇于创新的科学精神。

【实验原理】

1. 可逆电池:凡把化学能转变为电能的装置称为化学电源(或电池、原电池)。电池是由两个电极和连通两个电极的电解质溶液组成的。

只有可逆电池的电动势才符合 $\Delta G_{T,P} = -zEF$。

可逆电池应满足如下条件:

(1)电池反应可逆,亦即电池电极反应可逆。

(2)电池中不允许存在任何不可逆的液接界。

(3)电池必须在可逆的情况下工作,即充放电过程必须在平衡态下进行,亦即允许通过电池的电流为无限小。

因此在制备可逆电池、测定可逆电池的电动势时应符合上述条件。

2. 电动势的测定:电池的电动势不能直接用伏特计来测量,因为电池与伏特计相接后便成了通路,有电流通过,发生化学变化,电极被极化,溶液浓度改变,电池电动势不能保持稳定。而且,电池本身有内阻,伏特计所量得的电位降仅为电动势的一部分。利用对消法(又称补偿法)就可在电池无电流(或极小电流)通过时测得其两极的静态电势。因为此时电池的反应是在接近可逆条件下进行的,所以这时的电位差即为该电池的电动势。用电位差计测量电动势也可满足通过电池电流为无限小的条件。

电位差计利用对消法(又称补偿法)测电动势原理可简述如下(见图5-8-1)。

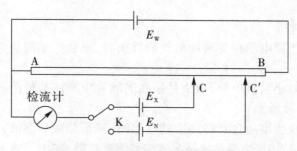

图5-8-1 对消法测电池电动势原理

在图5-8-1中,AB为均匀电阻,E_W为工作电池,它在AB上产生均匀电位降,用来对消待测的电池电动势或标准电池电动势。

E_X为待测电池电动势,E_N为标准电池电动势(校准用)。测定时,首先把换向开关K拨向E_N挡,调节滑线电阻AC′使检流计中无电流通过,因AB为均匀电阻,所以有:

$$\frac{E_N}{E_{AB}} = \frac{AC'}{AB}$$

然后把K拨向E_X挡,调节AC′,使检流计中无电流通过,同样有:

$$\frac{E_X}{E_{AB}} = \frac{AC}{AB}$$

将两式相除,可得:

$$\frac{E_X}{E_N} = \frac{AC}{AC'}$$

由于标准电池,电阻都可以达到较高的精度,还可以采用高灵敏度的检流计,因而可使测量结果极为准确。

在电动势的测量中,常用正负离子迁移数比较接近的盐类构成"盐桥"来消除液接电位。常用的盐桥溶液有KCl、KNO_3、NH_4NO_3等饱和溶液。

在电池中,每个电极都具有一定的电极电势。当电池处于平衡态时,两个电极的电极电势之差就等于该可逆电池的电动势,按照我们常采用的习惯,规定电池的电动势等于正、负电极的电极电势之差。即

$$E = \varphi_+ - \varphi_- \tag{5-8-1}$$

式中,E为原电池的电动势;φ_+,φ_-分别代表正、负极的电极电势。其中:

$$\varphi_+ = \varphi_+^\theta + \frac{RT}{ZF}\ln\frac{\alpha_{氧化}}{\alpha_{还原}} \tag{5-8-2}$$

$$\varphi_- = \varphi_-^\theta + \frac{RT}{ZF}\ln\frac{\alpha_{氧化}}{\alpha_{还原}} \tag{5-8-3}$$

式中,φ_+^θ,φ_-^θ分别为正、负电极的标准电极电势;$R=8.134\ J\cdot mol^{-1}\cdot K^{-1}$;$T$为绝对温度;$Z$为反应中得失电子的数量;$F=96\ 500\ C$,称法拉第常数;$\alpha_{氧化}$为参与电极反应的物质还原态的活度,$\alpha_{还原}$为参与电极反应的物质氧化态的活度。以上两式称为电极的

Nernst 公式。

3. 液接电势与盐桥

（1）液接电势：当原电池存有两种电解质界面时，便会产生液接电势，干扰电池电动势的测定。

常用"盐桥"来减小液接电势，盐桥是指在玻璃管中灌注盐桥溶液，把管插入两个互不接触的溶液，使其导通。

（2）盐桥溶液：盐桥溶液含有高浓度的盐溶液，甚至是饱和溶液，当饱和的盐溶液与另一种较稀溶液相接界时，主要是盐桥溶液向稀溶液扩散，减小了液接电势。

盐桥中盐的选择必须考虑盐溶液中的正负离子的迁移速率都接近 0.5 为佳，通常采用 KCl 溶液。

盐桥溶液还不能与两端电解质溶液反应，若实验中使用硝酸银溶液，则盐桥不能用 KCl 溶液，可选择 NH_4NO_3 或 KNO_3 溶液，因为它们的正负离子的迁移速率比较接近。

盐桥溶液中常加入琼脂或明胶作为胶凝剂，由于凝胶易失水或变质，所以盐桥溶液需新鲜配制。

4. 电动势测定的应用

（1）溶液 pH 测定：可设计成如下电池，求出溶液的 pH。

$(-)$ Hg(l)+Hg_2Cl_2(s)|饱和 KCl 溶液‖饱和有醌氢醌的未知 pH 溶液|Pt $(+)$

醌氢醌（Q·H_2Q）为醌（Q）与氢醌（H_2Q）等摩尔混合物。醌氢醌（Q·H_2Q）在水中溶解度很小，并且依下式部分解离。

将少量醌氢醌放入含有 H^+ 的待测溶液中，并使其达到饱和，然后插入 Pt 电极就成为一支醌氢醌电极。在电极上发生下列氧化还原反应：

$$Q+2H^++2e^-\longrightarrow H_2Q$$
$$醌 \qquad\qquad 氢醌$$

在水溶液中醌氢醌（Q·H_2Q）的溶解度极小，电离度也很小，因此醌（Q）与氢醌（H_2Q）的活度可认为相等，其电极电位可表示为

$$\varphi_{醌氢醌}=\varphi_{醌氢醌}^\theta-\frac{RT}{2F}\ln\frac{a_{氢醌}}{(a_{H^+})^2a_{醌}}=\varphi_{醌氢醌}^\theta-\frac{RT}{F}\ln\frac{1}{a_{H^+}} \tag{5-8-4}$$

$$=\varphi^\theta-\frac{2.303RT}{F}pH$$

因为

$$E = \varphi_{右} - \varphi_{左} = \varphi^{\theta}_{醌氢醌} - \frac{2.303RT}{F}\text{pH} - \varphi_{甘汞} \qquad (5-8-5)$$

所以

$$\text{pH} = \frac{\varphi^{\theta}_{醌氢醌} - E - \varphi_{甘汞}}{2.303RT/F} \qquad (5-8-6)$$

(2) AgCl 的 K_{sp} 测定:可设计成如下电池。

$(-)\text{Ag(s)}|\text{KCl}(0.01\ \text{mol} \cdot \text{L}^{-1})\text{与饱和 AgCl 溶液}||\text{AgNO}_3(0.010\ \text{mol} \cdot \text{L}^{-1})|\text{Ag(s)}(+)$

电池的电极反应:

负极:$\text{Ag} + \text{Cl}^-(m) \longrightarrow \text{AgCl} + \text{e}^-$

正极:$\text{Ag}^+(m) + \text{e}^- \longrightarrow \text{Ag}$

电池总反应:$\text{Ag}^+(m) + \text{Cl}^-(m) \longrightarrow \text{AgCl}$

电池电动势 $E = \varphi_{右} - \varphi_{左}$,即

$$E = \left[\varphi^{\theta}_{\text{Ag}^+/\text{Ag}} + \frac{RT}{F}\ln a_{\text{Ag}^+} \right] - \left[\varphi^{\theta}_{\text{Cl}^-/\text{AgCl}/\text{Ag}} + \frac{RT}{F}\ln \frac{1}{a_{\text{Cl}^-}} \right] \qquad (5-8-7)$$

$$= E^{\theta} - \frac{RT}{F}\ln \frac{1}{a_{\text{Ag}^+} \cdot a_{\text{Cl}^-}}$$

因为

$$\Delta G^{\theta} = -nE^{\theta}F = -RT\ln \frac{1}{K_{sp}}$$

$$E^{\theta} = \frac{RT}{nF}\ln \frac{1}{K_{sp}} \qquad (5-8-8)$$

所以

$$\lg K_{sp} = \lg a_{\text{Ag}^+} + \lg a_{\text{Cl}^-} - \frac{EF}{2.303RT} \qquad (5-8-9)$$

【仪器与试剂】

1.仪器:SDC-ⅡA 数字电位差综合测试仪 1 套;银-氯化银电极 1 支;饱和甘汞电极 1 支;银电极 1 支;铂电极 1 支;盐桥玻璃管 4 支。

2.药品:琼脂;硝酸银溶液(0.1 mol · L^{-1},0.01 mol · L^{-1});盐酸溶液 (0.1 mol · L^{-1});氯化钾溶液(0.01 mol · L^{-1},饱和);醌氢醌;硝酸钾;pH 未知的待测溶液。

【实验步骤】

1.醌氢醌电极制备:取 pH 未知的待测溶液放入烧杯中,加少许醌氢醌固体样品,搅拌溶解,确保醌氢醌溶液过饱和,再插入金属铂电极,待用。

2.盐桥制备:在 250 mL 烧杯中,加入 100 mL 蒸馏水和 3 g 琼脂,盖上表面皿,放在电加热套上用小火加热至近沸,继续加热至琼脂完全溶解。然后加入 40 g 硝酸钾,充分搅拌使硝酸钾完全溶解后,趁热用滴管将它灌入干净的 U 形管中,两端要装满,中间不能有气泡,静置待琼脂凝固后便可使用。

注意:制备好的盐桥不使用时应浸入饱和硝酸钾溶液中,防止盐桥干涸。

3. 电池电动势测定:按图 5-8-2 所示分别将下列 4 组电池接入电位差计,利用电位差计测量其电动势。

(1)(-) $Hg(l) + Hg_2Cl_2(s)$ | 饱和 KCl 溶液 | | $AgNO_3(0.100 \ mol \cdot L^{-1})$ | $Ag(s)$ (+)

(2)(-) $Ag(s)$ | KCl $(0.01 \ mol \cdot L^{-1})$ 与饱和 AgCl 溶液 | | $AgNO_3(0.010 \ mol \cdot L^{-1})$ | $Ag(s)$ (+)

(3)(-) $Hg(l)+Hg_2Cl_2(s)$ | 饱和 KCl 溶液 | | 饱和有醌氢醌的未知 pH 溶液 | Pt (+)

(4)(-) $Ag(s)+AgCl(s)$ | HCl $(0.100 \ mol \cdot L^{-1})$ | | $AgNO_3(0.100 \ mol \cdot L^{-1})$ | $Ag(s)$ (+)

组装好电池后,按照电位差计的使用方法测量,电位差计的旋钮调节时要先粗后细,直至电流显示为零,读取待测电池电动势。

实验结束后,将盐桥放在水中加热溶解,洗净盐桥玻璃管等,其他仪器复原。

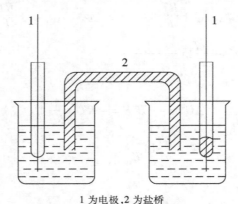

1 为电极,2 为盐桥

图 5-8-2　电池组装示意图

【实验注意事项】

1. 线路连接时,切勿接反正负极,电极在插入溶液前,要用滤纸擦干或用待测溶液润洗。

2. 测定电动势时,为使极化影响降到最小,测量前可初步估算被测电池的电动势大小,以便在测量时能迅速找到平衡点。在调节电动势时,必须先"粗"调,再"细"调,防止电流过大而损坏仪器。按旋钮时间不宜太短,防止过多电量通过电池造成严重极化,破坏电池的电化学可逆状态。

3. 组装第二个电池时,左方半电池的制备方法如下:向 0.01 mol · L⁻¹ 的 KCl 溶液滴加 2 滴 0.1 mol · L⁻¹ AgNO₃ 溶液,边滴边摇(不可多加),然后插入新制的银电极即可,注意不可放置多久。

4. Pt 和 Ag 电极不用时,应浸泡在清水中,饱和甘汞电极应浸泡在饱和 KCl 溶液中防止复合电极补充溶液变质,若短期内盐桥还需使用,可将盐桥两端洗净后浸泡在饱和

KNO_3 溶液中。

【数据记录与处理】

1. 将实验温度及 4 个电池电动势的测定值填入表 5-8-1。

表 5-8-1　实验数据记录表

实验温度：_____℃

电池	电动势/V	电动势/V	电动势/V	电动势平均值/V
1				
2				
3				
4				

2. 由第一个电池求 $\varphi^{\theta}_{Ag^+/Ag}$。

已知饱和甘汞电极电势与温度的关系：

$$\varphi_{甘汞} = 0.2412 - 6.61 \times 10^{-4}(t-25) - 1.75 \times 10^{-6}(t-25)^2 - 9.16 \times 10^{-10}(t-25)^3$$

$\varphi^{\theta}_{Ag^+/Ag}$ 与温度的关系：

$$\varphi^{\theta}_{Ag^+/Ag} = 0.7991 - 9.88 \times 10^{-4}(t-25) + 7 \times 10^{-7}(t-25)^2$$

3. 根据第二个和第四个电池的测定结果，计算 AgCl 的 K_{sp}。

已知 $0.100\ mol \cdot L^{-1}\ AgNO_3$ 的 $\gamma^{25\ ℃}_{\pm} = 0.734$，$0.010\ mol \cdot L^{-1}\ AgNO_3$ 的 $\gamma^{25\ ℃}_{\pm} = 0.902$，$0.010\ mol \cdot L^{-1}\ KCl$ 的 $\gamma^{25\ ℃}_{\pm} = 0.901$。

在 0 ℃时，$0.100\ mol \cdot L^{-1}\ HCl$ 溶液的平均活度系数 $\gamma^{0\ ℃}_{\pm} = 0.8027$，$t$ ℃时的 $\gamma^{t\ ℃}_{\pm}$ 可通过下式求得：

$$- \lg \gamma^{t\ ℃}_{\pm} = - \lg \gamma^{0\ ℃}_{\pm} + 1.620 \times 10^{-4}t + 3.13 \times 10^{-7}t^2$$

4. 由第 3 个电池求出未知溶液的 pH。

已知：$\varphi^{\theta}_{醌氢醌} = 0.6994 - 7.4 \times 10^{-4}(t-25)$

【思考题】

1. 为什么不能用伏特计测量电池电动势？

2. 对消法测量电池电动势的主要原理是什么？

3. 测电池电动势时，如果电池正负极接反了，电位差计有何反应？

4. 测电动势为何要用盐桥？盐桥选用原则是什么？

【实验讨论】

1. 在测定电动势时，由于仪器等误差存在，可多测几次，求平均值。

2. AgCl 的 K_{sp} 文献值为 $K_{sp} = 1.77 \times 10^{-10}$。

3. 醌氢醌电极有一定的 pH 使用范围，当 pH>8.5 时，氢醌会发生电离改变分子状态，并且在碱性条件下，氢醌易被氧化，影响测定结果，因此醌氢醌电极应在 pH≤8.5 使用。另外因硼酸易与氢醌发生配位作用,其不能在含硼酸的溶液中使用,也不能在含有强氧化剂或还原剂的溶液中使用。

【拓展阅读】

1. 赵会玲,宋江闯,熊焰. 电动势测定在物理化学实验中的应用. 分析仪器,2015,(02):85-89.

2. 胡俊平,刘妍,毕慧敏,游富英,谢鹏涛. 物理化学实验项目改进创新——以"原电池电动势的测定及在热力学上的应用"为例. 化学教育(中英文),2016,37(10):32-34.

3. 周言凤,谢青季,陈志勋. 直接电位法测定中电动势与离子浓度的关系. 化学教育(中英文),2017,38(18):78-81.

4. 孟德坤,周南,林世泉,周爱秋,林猛,张树永. 电动势法测定硫酸铜的离子迁移数. 大学化学,2021,36(12):74-78.

【思政小课堂】

原电池的发展史

1780 年,意大利解剖学家伽伐尼在做青蛙解剖时,当用金属手术刀接触蛙腿时,发现蛙腿会抽搐,他认为这是动物躯体内部产生的"生物电"造成的。

1800 年,意大利物理学家伏特在多次实验后认为:伽伐尼的"生物电"之说并不正确,青蛙的肌肉之所以能产生电流,是肌肉中某种液体在起作用,并设计出了"伏打电堆"装置。1836 年,丹尼尔发明了世界上第一个实用电池,用于早期铁路信号灯。

1859 年,法国的普朗泰制造出了第一台可实用的铅酸蓄电池,但是由于加工成型过程复杂和冗长,很难批量生产,没有受到重视。1860 年,法国的雷克兰士发明了世界广泛使用的电池(碳锌电池)的前身。1887 年,英国的赫勒森发明了最早的干电池。1890 年,爱迪生(Thomas Edison)发明可充电铁镍电池。

1983 年,我国的南开大学开始研究镍氢电池,陈军院士等广大科研工作者在我国电池研发等方面做出了重要贡献。在 2000 年,我国开始锂离子电池商业化生产。

【附-SDC-ⅡA 数字电位差综合测试仪的使用方法】

1. 开机:用电源线将仪表后面板的电源插座与～220 V 电源连接,打开电源开关(ON),预热 15 min 再进入下一步操作。

2. 以内标为基准进行测量

(1)校验

①将"测量选择"旋钮置于"内标"。

②将测试线分别插入测量插孔内,将"10^0"位旋钮置于"1","补偿"旋钮逆时针旋到底,其他旋钮均置于"0",此时,"电位指标"显示"1.00000"V,将两测试线短接。

③待"检零指示"显示数值稳定后,按一下"归零"键,此时,"检零指示"显示为"0000"。

(2)测量

①将"测量选择"置于"测量"。

②用测试线将被测电动势按"+"、"-"极性与"测量插孔"连接。

③调节"$10^0 \sim 10^{-4}$"五个旋钮,使"检零指示"显示数值为负且绝对值最小。

④调节"补偿旋钮",使"检零指示"显示为"0000",此时,"电位显示"数值即为被测电动势的值。

注意:

①测量过程中,若"检零指示"显示溢出符号"OU. L",说明"电位指示"显示的数值与被测电动势值相差过大。

②电阻箱10^{-4}挡值若稍有误差可调节"补偿"电位器达到对应值。

3. 以外标为基准进行测量

(1)校验

①将"测量选择"旋钮置于"外标"。

②将已知电动势的标准电池按"+"、"-"极性与"外标插孔"连接。

③调节"$10^0 \sim 10^{-4}$"五个旋钮和"补偿"旋钮,使"电位指示"显示的数值与外标电池数值相同。

④待"检零指示"数值稳定后,按一下"归零"键,此时,"检零指示"显示为"0000"。

(2)测量

①拔出"外标插孔"的测试线,再用测试线将被测电动势按"+"、"-"极性接入"测量插孔"。

②将"测量选择"置于"测量"。

③调节"$10^0 \sim 10^{-4}$"五个旋钮,使"检零指示"显示数值为负且绝对值最小。

④调节"补偿旋钮",使"检零指示"为"0000",此时,"电位显示"数值即为被测电动势的值。

注意:

①断挡适用于 SDC-IIB 型,SDC-IIA 无此功能。

②调节挡位时,指示灯常亮,表示挡位未调节到位,请调节至指示灯熄灭。

4. 关机:实验结束后关闭电源。

注意:

(1)在正常测试时,若外界有强电磁干扰,检零显示会显示"OUL",此时仪器内部电路开启,一般情况下,稍等片刻即可自动恢复正常。若长时间不恢复或显示明显异常,说明此干扰程度过于强烈,此时应关闭电源重新开机。

(2)置于通风、干燥、无腐蚀性气体的场合。

(3)不宜放置在高温环境,避免靠近发热源如电暖气或炉子等。

(4)为了保证仪表工作正常,没有专门检测设备的单位和个人,请勿打开机盖进行检修,更不允许调整和更换元件,否则将无法保证仪表测量的准确度。

实验9 电导的测定及应用

【预习任务单】

1. 电导法测定醋酸的电离平衡常数的测量原理是什么？
2. 用不同的电导电极测定同一溶液的电导率时所得结果应该怎样？为什么？
3. 什么是电导水？测定醋酸的电离平衡常数时为何要测定电导水的电导率？水越纯,电导率是越大还是越小？
4. 影响本实验结果的因素有哪些？
5. 若不知道溶液的大概电导率时首先应如何测量？
6. 实验中用移液管移取溶液时是否先用该溶液润洗？为什么？

【实验目的】

1. 理解电导、电导率、摩尔电导率的概念及它们之间的关系。
2. 熟练掌握电导法测定弱电解质电离平衡常数的原理和方法。
3. 培养严谨的科学精神和综合运用知识的能力。

【实验原理】

1. 电离平衡常数 K_c 的测定原理:在弱电解质溶液中,只有已经电离的部分才能传递电量。在无限稀释的溶液中可以认为弱电解质已经全部电离,此时溶液的摩尔电导率为 Λ_m^∞,可以用离子的极限摩尔电导率相加而得。

一定浓度下电解质的摩尔电导率 Λ_m 与无限稀释溶液的摩尔电导率 Λ_m^∞ 是有区别的,由两个因素造成,一是电解质的不完全解离,二是离子间存在相互作用力。二者之间有如下近似关系:

$$a = \frac{\Lambda_m}{\Lambda_m^\infty} \tag{5-9-1}$$

式中,a 为弱电解质的电离度。

对 AB 型电解质,如乙酸在溶液中电离达到平衡时,其电离平衡常数 K_c 与浓度 c 和电离度 a 的关系如下:

$$K_c = \frac{ca^2}{1-a} \tag{5-9-2}$$

将式(5-9-1)代入式(5-9-2),得:

$$K_c = \frac{c\Lambda_m^2}{\Lambda_m^\infty(\Lambda_m^\infty - \Lambda_m)} \tag{5-9-3}$$

由式(5-9-3)得,只要知道 Λ_m^∞ 和 Λ_m,就可以算出该浓度下醋酸的电离常数 K_c;此处浓度 c 的单位为 $mol \cdot L^{-1}$。进一步整理式(5-9-3)得:

$$\Lambda_m c = K_c \frac{\Lambda_m^{\infty 2}}{\Lambda_m} - K_c \Lambda_m^\infty \tag{5-9-4}$$

由式(5-9-4)可知,测定系列浓度下溶液的摩尔电导率 Λ_{m} ,将 $\Lambda_{\mathrm{m}}c$ 对 $\dfrac{1}{\Lambda_{\mathrm{m}}}$ 作图可得一条直线,由直线的斜率可得出在一定浓度范围内 K_{c} 的平均值。

2.摩尔电导率 Λ_{m} 的测定原理:电导是电阻的倒数,用 G 表示,单位:S。电导率则为电阻率的倒数,用 κ 表示,单位: $\mathrm{S \cdot m^{-1}}$ 。

摩尔电导率是指含有 1 mol 电解质的溶液,全部置于相距为 1 m 的两个电极之间时所具有的电导。摩尔电导率与电导率之间的关系:

$$\Lambda_{\mathrm{m}} = \frac{\kappa}{c} \qquad (5-9-5)$$

式中, κ 为电导率; c 为浓度($\mathrm{mol \cdot L^{-1}}$)。

在电导池中,电导大小与两极之间的距离 l 成反比,与电极的面积 A 成正比。

$$G = \kappa \frac{A}{l} \qquad (5-9-6)$$

由式(5-9-6)得:

$$\kappa = \frac{l}{A}G = K_{\mathrm{cell}}G \qquad (5-9-7)$$

对于固定的电导池, l 和 A 是定值,故 l/A 为一常数,用 K_{cell} 表示,称为电导池常数,单位为 $\mathrm{m^{-1}}$ 。通常将已知电导率 κ 的电解质溶液(一般用 KCl 溶液)注入电导池中,然后测定其电导 G ,可由式(5-9-7)求出电导池常数 K_{cell} 。

当电导池常数 K_{cell} 确定后,就可用该电导池测定某一浓度的醋酸溶液的电导 G ,再用式(5-9-7)算出 κ ,将 c , κ 值代入式(5-9-5)求得该浓度下醋酸溶液的摩尔电导率 Λ_{m} 。

$\Lambda_{\mathrm{m}}^{\infty}$ 的求测:对强电解质溶液可测定其在不同浓度下的摩尔电导率,再外推而求得,但对弱电解质通常是将该弱电解质正、负离子的无限稀释摩尔电导率求和而得。如表 5-9-1 所示。

表 5-9-1　不同温度下醋酸的 $\Lambda_{\mathrm{m}}^{\infty}$ ($\mathrm{S \cdot m^2 \cdot mol^{-1}}$)的值

温度/K	298.2	303.2	308.2	313.2
$\Lambda_{\mathrm{m}}^{\infty} \times 10^2$	3.908	4.198	4.489	4.779

【仪器和试剂】

1.仪器:DDS-11A 电导率仪,电导电极,恒温槽,烧杯,锥形瓶,移液管(25 mL)。

2.试剂: $0.0200 \mathrm{\ mol \cdot L^{-1}}$ KCl 标准溶液, $0.200 \mathrm{\ mol \cdot L^{-1}}$ HAc 标准溶液。

【实验步骤】

1.调节恒温水槽水浴温度至 25 ℃,将实验中要测定的溶液和一定量的蒸馏水恒温。

2.校准电导率仪的电导池常数:开启电导率仪 → 将洗净擦干的电极插入 $0.1 \mathrm{\ mol \cdot L^{-1}}$ 的 KCl 溶液中 → 按下"校准"键,测定其电导率,计算出电导池常数 K_{cell} 。

3. 测量醋酸溶液的电导率:标定好电导池常数后,将电极洗净擦干,将电极插入 50 mL 0.1779 mol·L^{-1} 醋酸溶液中,混匀后,按下"测量"键测量电导率;再用移液管吸出 25 mL 醋酸溶液,用另一支移液管移入 25 mL 电导水,混匀后,按下"测量"键测量电导率。如上操作依次进行五次测量,将所测得的数据记录在数据记录表中。

4. 用蒸馏水清洗电导电极和温度传感器,将电极浸泡在盛有蒸馏水的锥形瓶中。

【注意事项】

1. 本实验测定电导率时,需用电导水进行配制所有溶液。

2. 温度对溶液的电导影响较大,因此测量时应保持恒温。

3. 实验过程中严禁用手触及电导池内壁和电极。

4. 溶液的浓度对电导率影响较大,测定前要用被测溶液多次洗涤电导池和电极,以保证被测溶液的浓度与容量瓶中溶液的浓度一致。

【数据记录与处理】

1. 根据测得的各种浓度的醋酸溶液的电导率,求出各相应的摩尔电导率 Λ_m。将数据记录于表 5-9-2 中。

表 5-9-2　实验数据记录及处理表

实验温度:$T=$ _____ ℃,　　　　　$\Lambda_m^{\infty}=$ _____

$c/(\text{mol}\cdot\text{L}^{-1})$	$\kappa_1/(\text{S}\cdot\text{m}^{-1})$	$\kappa_2/(\text{S}\cdot\text{m}^{-1})$	$\kappa_3/(\text{S}\cdot\text{m}^{-1})$	$\kappa_{平均}/(\text{S}\cdot\text{m}^{-1})$	$\Lambda_m/(\text{S}\cdot\text{m}^2\cdot\text{mol}^{-1})$	$1/\Lambda_m$	$\Lambda_m c$

$K_{c平均值}=$ _____

2. 基于表 5-9-2 结果,利用 Origin 软件将 $\Lambda_m c$ 对 $\dfrac{1}{\Lambda_m}$ 作图并进行线性回归,由直线斜率算出一定浓度范围内 K_c 平均值。

【思考题】

1. 本实验的电导池常数是否可用测量几何尺寸的方法确定?

2. 实际过程中,若电导池常数发生改变,对平衡常数测定有何影响?

3. 将实验测得的 K_c 值与文献值比较,试述误差的主要来源。

【实验讨论】

1. 本实验使用的电极为铂黑电极,其目的是减少极化现象,增加电极表面积,提高测定电导时的灵敏度,若铂黑电极不用时,应保存在蒸馏水中,不可使之干燥。

2. 由于普通蒸馏水中含有 CO_2 等杂质,存有一定电导,因此实验测的电导值是待测电解质和水的电导之和。因此做电导实验时需用纯度更高的水,称为电导水。其制备方法是在蒸馏水中加入少量高锰酸钾,用石英或硬质玻璃蒸馏器再蒸馏一次。

3. 醋酸在 25 ℃时的电离常数:$pK_a = 4.756$。

【拓展阅读】

1. 王美霞,江英志,马秀兰. 醋酸离解平衡常数的测定方法研究. 广东化工,2013,40(02):107+99.

2. 顾仲良. 电导率探究弱电解质电离平衡的移动. 教育与装备研究,2021,37(07):69−72.

3. 阴军英. 电导法测定弱电解质电离平衡常数实验的改进. 广州化工,2020,48(23):95−96+106.

【思政小课堂】

平民科学家——法拉第

法拉第(Michael Faraday,1791—1867),英国物理学家、化学家。他出生于英国贫苦铁匠家庭,仅上过小学,是一位典型的自学成才的科学家。他一生成就非凡:发现了电磁感应定律,发明了人类第一台圆盘发电机,总结出法拉第电解定律;引入了电场和磁场的概念,证明了电荷守恒定律;发现了"磁光效应",用实验证实了光和磁的相互作用,为电、磁和光的统一理论奠定了基础等,被称为"电学之父"和"交流电之父"。

他为人质朴、不图名利,谢绝英国皇室的爵士,答复说:"我以生为平民为荣,并不想变成贵族"。为了专心从事科学研究,他甘愿放弃一切有丰厚报酬的商业性工作。他热心科学普及工作,在任皇家研究所实验室主任后不久,即发起举行星期五晚间讨论会和圣诞节少年科学讲座。在 100 多次星期五晚间讨论会上作过讲演,在圣诞节少年科学讲座上讲演达十九年之久。在 1857 年谢绝了皇家学会拟选他为会长的提名,甘愿以平民的身份实现献身科学的诺言。

【附−1−DDS−11A 电导率仪的使用方法】

1. 简介:电导率可用于评价溶液的电导能力,其值多数情况下与溶液中离子浓度成正比,与测定电极面积及电极间距离无关,通过测定电导率可确定溶液中离子终浓度或盐含量。电导率仪是以电化学测定方法测定溶液电导率的仪器,已被广泛用于石油化工、矿山冶炼、污水处理、生物医药、环境监测等行业。

2. 仪器测量范围:DDS−11A 电导率仪测量范围是 $0.00 \sim 100.0$ mS·cm^{-1}。具体见表 5−9−3 和图 5−9−1。

表 5-9-3　电极常数与电导率量程表

电极常数	电导率量程
0.01	$0 \sim 2.000 \ \text{mS} \cdot \text{cm}^{-1}$
0.1	$0.2 \sim 20.00 \ \text{mS} \cdot \text{cm}^{-1}$
1	$2 \sim 10.00 \ \text{mS} \cdot \text{cm}^{-1}$
10	$10.00 \sim 100.0 \ \text{mS} \cdot \text{cm}^{-1}$

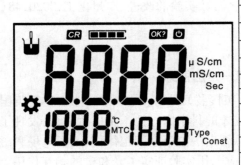

标识	释义
CR	连续测量模式
▊▊▊▊	数据稳定标识
OK?	确认标记
⏻	自动关机
μS/cm	电导率单位
mS/cm	电导率单位
Sec	时间单位
℃	温度单位
MTC	手动温度补偿
Const	电导池常数
Type	电极类型
⊔	测量标志
✿	设置标志

图 5-9-1　DDS-11A 电导率仪屏幕标识

3. 开机前准备

(1) 安装好仪器和电极。

(2) 准备标准溶液如 $1408 \ \mu\text{S} \cdot \text{cm}^{-1}$ 标液,放入 25 ℃ 恒温水浴中,控制溶液温度为 25.0 ℃。

(3) 将电极下端的保护瓶取下,用蒸馏水清洗电极。

4. 开机:连接电源线,打开仪器背后开关,仪器进入测量状态,仪器预热 30 min 后可进行测量。

5. 设置温度:在测量状态下,用温度计测出被测溶液的温度,按"温度△"或"温度▽"键调节显示值,使温度显示为被测溶液的温度,按"确认"键,即完成当前温度的设置;按"测量"键放弃设置,返回测量状态。

6. 电极常数和常数数值的设置:仪器使用前必须进行电极常数的设置。目前电导电极的电极常数为 0.01、0.1、1.0 和 10 四种类型,每种电极具体的电极常数均粘贴在每支电极上,可根据电极所标电极常数进行设置。

按"电极常数"键或"常数调节"键,仪器进入电极常数设置状态,按"电极常数▽"或"电极常数△",电极常数显示在 10/1/0.1/0.01 之间转换,如果电导电极标贴的电极常

数为 0.101 0,则选择"0.1"并按"确认"键;再按"常数数值▽"或"常数数值△",使常数
数值显示"1.010",按"确认"键;此时完成电极常数及数值的设置(电极常数为上下两组
数值的乘积)。其他电极常数数值的设置与之类似。如果设置过程中想放弃设置,则按
"测量"键,返回测量状态即可。

7. 测量:电导率范围及对应电极常数推荐表见表 5-9-4。

表 5-9-4　电导率范围及对应电极常数推荐表

电导率范围/(mS·cm^{-1})	推荐使用电极常数/cm^{-1}
0.05~2	0.01、0.1
2~200	0.1、1.0
200~2×10^5	1.0

设置好后,电导率仪可用于测量被测溶液,按"测量"键,使仪器进入电导率测量状态。

用温度计测出被测溶液的温度,按照前面温度设置方法进行温度设置;用蒸馏水清
洗电极头,再用被测溶液清洗一次,将电导电极浸入被测溶液中,用玻璃棒搅拌溶液使其
均匀,在显示屏上读取溶液的电导率值。

8. 测量结果:测量完毕,将电极用蒸馏水清洗干净,浸入蒸馏水中,放置,关闭电源。

9. 电导电极的清洗与贮存

(1)电导电极的准备。首次使用或长期储存后使用,需将电极在无水乙醇浸泡
1 min,再用去离子水清洗电导电极。

(2)电导电极的贮存。电极若长期不使用,需贮存在干燥地方,使用前再浸入蒸馏水
中数小时,经常使用的电极可浸入蒸馏水中,以免干燥改变电极表面。

(3)电导电极的清洗

①可用含洗涤剂的温水清洗电极上有机成分玷污,也可用酒精清洗。

②钙、镁沉淀物最好用 10% 柠檬酸清洗。

③镀铂黑的电极,只能用化学方法清洗,用软刷子机械清洗或破坏表面的铂黑。

注意:某些化学方法清洗可再生或损坏被轻度污染的铂黑层。

④光亮的铂电极,可以用软刷子机械清洗。但电极表面不可产生刻痕,用软刷子清
洗时要注意,禁止使用螺丝起子之类硬物清除电极表面。

10. 电极常数标定:电导电极出厂时,都会标有电极常数值,若怀疑电极常数不正确,
可进行标定。

(1)标准溶液标定。根据电极常数选择合适的标准溶液(表 5-9-5)、配制方法(表
5-9-6),标准溶液与电导率值关系表(表 5-9-7)。

表 5-9-5　测定电极常数的 KCl 标准溶液

电极常数/cm⁻¹	0.01	0.1	1	10
KCl 溶液近似浓度/(mol·L⁻¹)	0.001	0.01	0.01 或 0.1	0.1 或 1

表 5-9-6　标准溶液的组成

KCl 溶液近似浓度/(mol·L⁻¹)	KCl 溶液的质量浓度/(g/L,20 ℃)
1	74.2457
0.1	7.4365
0.01	0.7440
0.001	将 100 mL 0.01 mol·L⁻¹ 的溶液稀释至 1 L

表 5-9-7　KCl 溶液近似浓度与其电导率值的关系

温度/℃	KCl 溶液近似浓度/(mol·L⁻¹)			
	1	0.1	0.01	0.001
	电导率(S·cm⁻¹)			
15	0.092 12	0.010 455	0.001 141 4	0.000 118 5
18	0.097 80	0.011 163	0.001 220 0	0.000 126 7
20	0.101 70	0.011 644	0.001 273 7	0.000 132 2
25	0.111 31	0.012 852	0.001 408 3	0.000 146 5
35	0.131 10	0.015 353	0.001 687 6	0.000 176 5

①将电导电极接入仪器,断开温度电极,仪器以手动输入温度代替当前温度值,如设置手动温度为 25 ℃,此时仪器所显示的电导率值是未经温度补偿的绝对电导率值。

②用蒸馏水清洗电导电极,将电导电极浸入标准溶液中。

③控制溶液温度恒定在(25±0.1)℃,读取电导率值 $\kappa_{测}$。

④利用下式计算电极常数 J:$J = \kappa_{理论}/\kappa_{测}$,$\kappa_{理论}$ 为表 5-9-7 中的值。若测出的电极常数值与电极上标记的不同,则需重新进行电极常数的设置。

(2)标准电极法标定

①选择一支已知电极常数的标准电极(设电极常数为 $J_{标}$)。

②选择合适的标准溶液、配制方法、标准溶液与电导率关系表。

③把未知电极常数的电极(设电极常数为 $J_{未知}$)与标准电极以同样的深度插入溶液中(都应实现清洗)。

④依次将电极接到电导率仪上,分别测定标准电极和未知电极的电导率 $\kappa_{未知}$ 及 $\kappa_{标}$。

⑤按下式计算未知电极的电极常数:

$$J_{未知} = J_{标} \times \kappa_{标} / \kappa_{未知}$$

实验 10　电导法测定水溶性表面活性剂的临界胶束浓度

【预习任务单】

1. 什么是表面活性剂？有哪几类？有什么作用？
2. 什么是表面活性剂的临界胶束浓度？现有的测定方法有哪些？
3. 电导法测定表面活性剂临界胶束浓度的实验原理是什么？
4. 本实验需要配制哪些溶液？配制过程中要注意哪些问题？
5. 本实验要记录哪些实验数据？如何处理这些实验数据？
6. 除了本实验方法，还有哪些方法可以测定表面活性剂的临界胶束浓度？

【实验目的】

1. 掌握用电导法测定十二烷基硫酸钠的临界胶束浓度。
2. 了解表面活性剂的特性及胶束形成原理。
3. 掌握电导率仪的使用方法。
4. 培养理论联系实际的能力、一丝不苟的科学精神及良好的环保意识。

【实验原理】

能够显著降低水的界面张力的物质称为水的表面活性剂，通常由亲油基团和亲水基团构成。表面活性物质在水中形成胶束时所需的最低浓度称为临界胶束浓度（critical micelle concentration，CMC）。

表面活性剂的许多物理化学性质随胶束的形成会发生突变，这是由于溶液的结构改变导致其物理及化学性质（如表面张力、电导、渗透压、浊度、光学性质等）同浓度的关系曲线出现明显的转折，如图 5-10-1 所示。只有当表面活性剂溶液浓度稍高于 CMC 时，表面活性剂才能发挥作用，如润湿作用、乳化作用、洗涤作用、发泡作用等。因此这个现象是测定 CMC 的实验依据，也是表面活性剂的一个重要特征。

表面活性剂成为溶液中的稳定分子可能采取的两种途径：①把亲水基留在水中，亲油基伸向油相或空气；②让表面活性剂的亲油基团相互靠在一起，以减少亲油基与水的接触面积。前者就是表面活性剂分子吸附在界面上，其结果是降低界面张力，形成定向排列的单分子膜，后者就

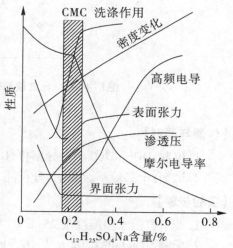

图 5-10-1　十二烷基硫酸钠水溶液的一些物理化学性质随溶液浓度的变化

形成了胶束。由于胶束的亲水基方向朝外,与水分子相互吸引,使表面活性剂能稳定地溶于水中。

在溶液中对电导有贡献的主要是带长链烷基的表面活性剂离子和相应的反离子,而胶束的贡献则极为微小。从离子贡献大小来考虑,反离子大于表面活性剂离子。当溶液浓度达 CMC 时,由于表面活性剂离子缔合成胶束,反离子固定于胶束的表面,它们对电导的贡献明显下降,同时由于胶束的电荷被反离子部分中和,这种电荷量小,体积大的胶束对电导的贡献非常小,所以此时溶液的电导急剧下降。

对于离子型表面活性剂溶液,当溶液浓度很稀时,电导的变化规律也和强电解质一样;但当溶液浓度达到临界胶束浓度时,随着胶束的生成,电导率发生改变,摩尔电导率急剧下降,这就是电导法测定 CMC 的依据。

本实验利用电导率仪测定不同浓度的十二烷基硫酸钠水溶液的电导值(或摩尔电导率),并作电导值(或摩尔电导率)与浓度的关系图,从图中的转折点即可求得临界胶束浓度。如图 5-10-2 所示。

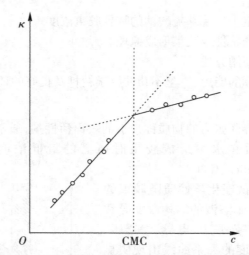

图 5-10-2　十二烷基硫酸钠水溶液的电导率与浓度的关系

【仪器与试剂】

1. 仪器:DDS-6700 型电导率仪,DJS-1A 型铂黑电极,恒温水槽。

2. 试剂:十二烷基硫酸钠(分析纯),电导水。

【实验步骤】

1. 调节恒温水浴温度至 25 ℃。

2. 配制 50 mL 的 0.02 mol·L^{-1}十二烷基硫酸钠溶液。

3. 用吸量管吸取 10 mL 的 0.02 mol·L^{-1}十二烷基硫酸钠溶液于 100 mL 烧杯中,依次移入恒温后的电导水 2.00 mL、3.00 mL、5.00 mL、5.00 mL、5.00 mL、5.00 mL、10.00 mL、10.00 mL、10.00 mL、20.00 mL,搅拌混匀。

4.用电导水将电极清洗干净,滤纸吸干(切勿触碰铂黑),小心浸入溶液中,分别测其电导率。

注意:每个溶液的电导率读数三次,取平均值。

5.列表记录各溶液对应的电导率,并计算相应的溶液浓度。

【实验注意事项】

1.铂黑电极易于损坏,切勿用电极搅拌溶液,以免电极与烧杯壁发生触碰。

2.表面活性剂浓度要配制准确,每次稀释时也应精确量取电导水,并且混合时要混合均匀。

3.在实验过程中,恒温水浴的温度波动会带来实验误差,应尽力保持待测溶液温度恒定。

【数据记录与处理】

1.记录实验数据(表5-10-1),并求算出每一次溶液的浓度和平均电导率。

表5-10-1 十二烷基硫酸钠临界胶束浓度测定实验数据记录和处理表

实验条件:室温=_____;压强=_____;湿度=_____

项目	1	2	3	4	5	6	7	8	9	10	11
加电导水量/mL	0	2	3	5	5	5	5	10	10	10	20
$c/(\text{mol} \cdot \text{L}^{-1})$											
$\kappa_1/(\mu\text{S} \cdot \text{m}^{-1})$											
$\kappa_2/(\mu\text{S} \cdot \text{m}^{-1})$											
$\kappa_3/(\mu\text{S} \cdot \text{m}^{-1})$											
$\kappa_{平均}/(\mu\text{S} \cdot \text{m}^{-1})$											

2.由平均电导率和溶液浓度作图,求出十二烷基硫酸钠的CMC,并与文献值对比。

【思考题】

1.溶解的表面活性剂分子与胶束之间的平衡同温度和浓度有关,其关系式可表示为:

$$\frac{\text{d}\ln c_{CMC}}{\text{d}T} = \frac{\Delta H}{2RT^2}$$

试问如何测出其热效应值?

2.非离子型表面活性剂能否用本实验方法测定临界胶束浓度?为什么?若不能,则可用何种方法测定?

3.表面活性剂的哪些性质与CMC有关?

【实验讨论】

1.十二烷基硫酸钠在298 K时的CMC约为0.008 mol·L^{-1}。

2.溶液中的其他离子、溶剂、温度等均影响十二烷基硫酸钠的CMC。

【拓展阅读】

1. 郝春玲. 电导法测定表面活性剂的临界胶束浓度实验的改进. 广东化工, 2019, 46 (13): 213+215.

2. 王岩, 王晶, 卢方正, 李三鸣. 十二烷基硫酸钠临界胶束浓度测定实验的探讨. 实验室科学, 2012, 15 (03): 70-72.

【思政小课堂】

我国肥皂的发展历程

肥皂是最古老的洗涤用品, 宋代时就出现了一种人工合成的洗涤剂, 是将天然皂荚 (又名皂角) 捣碎细研, 加上香料等物, 制成橘子大小的球状, 专供洗面浴身之用, 俗称"肥皂团"。宋人周密在《武林旧事》卷六"小经纪"中记载了南宋京都临安已经有了专门经营"肥皂团"的生意人。

明代李时珍在《本草纲目》中记录了"肥皂团"的制造方法: "肥皂荚生高山中, 其树高大, 叶如檀及皂荚叶, 五六月开白花, 结荚长三四寸, 状如云实之荚, 而肥厚多肉, 内有黑子数颗, 大如指头, 不正圆, 其色如漆而甚坚。中有白仁如栗, 煨熟可食。亦可种之。十月采荚煮熟, 捣烂和白面及诸香作丸, 澡身面, 去垢而腻润, 胜于皂荚也"。除了天然皂荚, 如无患子等类的植物, 也流传于民间, 成为一种很好的洗涤剂。

因为古人在黄河流域使用皂荚来洗衣服, 后来到长江流域就没有皂荚树了, 于是他们又发现有另一种树, 其果实跟皂荚的性能一样, 可以洗衣服, 但是, 比皂荚更为肥厚丰腴, 所以, 给它取名叫肥皂子, 也叫肥皂果。

后因肥皂是由西方制造引进, 所以当时称为"洋碱", 虽然"碱"和肥皂本身并不能划等同的关系, 但新奇感驱使的中国人民还是将这个名字在官方沿用了好几十年, 直到我国民族工商业自己造出了肥皂, 才渐渐舍弃了"洋"字。

实验 11 蔗糖水解速率常数测定

【预习任务单】

1. 本实验的原理是什么? 本实验需要使用哪些溶液? 如何配制这些溶液? 这些溶液的浓度需要精确配制吗? 为什么?

2. 本实验需要测量哪些实验数据? 如何处理这些实验数据?

3. 蔗糖的水解速率常数与哪些因素有关?

4. 测旋光度时不作零点校正, 对实验结果有无影响?

5. 在混合蔗糖溶液和 HCl 溶液时, 需将 HCl 溶液加入蔗糖溶液里, 可否反过来混合?

6. 测定 α_t 和 α_∞ 是否要用同一根旋光管, 为什么?

7. 长、短两种旋光管应该选择哪一种? 为什么?

8. 除了旋光法, 还有哪些方法测定蔗糖水解速率常数?

【实验目的】

1. 了解蔗糖水解反应体系中各物质浓度与旋光度之间的关系。
2. 测定蔗糖水解反应的速率常数和半衰期。
3. 了解旋光仪的基本原理,掌握其使用方法。
4. 培养化繁为简的科学思想及严谨的科学精神。

【实验原理】

蔗糖水解反应为:

$$C_{12}H_{22}O_{11} + H_2O \xrightarrow{H^+} C_6H_{12}O_6 + C_6H_{12}O_6$$

为加速水解反应,常以酸为催化剂,故该反应在酸性介质中进行。通过上式可知:蔗糖水解反应速率是一个二级反应,其反应速率与反应体系中蔗糖和水的浓度有关。

由于该反应是在水溶液中进行的,水是大量的,可以认为整个反应中水的浓度保持恒定。而 H^+ 是催化剂,其浓度也是固定的。所以,该反应可视为假一级反应。其动力学方程为:

$$-\frac{dc}{dt} = kc \tag{5-11-1}$$

式中,k 为反应速率常数;c 为时刻 t 时的反应物浓度。

将式(5-11-1)积分得:

$$\ln \frac{c_t}{c_0} = kt \tag{5-11-2}$$

式中,c_0 为反应物蔗糖的初始浓度;c_t 为反应物在时刻 t 时的浓度。

当 $c = 1/2c_0$ 时,t 可用 $t_{1/2}$ 表示,即为反应的半衰期。由式(5-11-2)可得:

$$t_{1/2} = \frac{\ln 2}{k} = \frac{0.693}{k} \tag{5-11-3}$$

从式(5-11-2)中可以看出,在不同时刻测定反应物的相应浓度,可以求出反应速率常数 k。但是反应是不断进行的,要快速测定出反应物的浓度是比较困难的。由于蔗糖及其转化产物,都具有旋光性,并且它们的旋光能力不同,其中反应物蔗糖是右旋物质,而生成物葡萄糖是右旋物质,果糖是左旋物质,故可以利用体系在反应进程中旋光度的变化来度量反应进程。

测量物质旋光度所用的仪器称为旋光仪。溶液的旋光度与溶液中所含旋光物质的旋光能力、溶剂性质、溶液浓度、样品管长度、光源波长及温度等均有关。当其他条件均固定时,旋光度 α 与反应物浓度 c 呈线性关系,即

$$\alpha = Kc \tag{5-11-4}$$

式中,比例常数 K 与物质旋光能力、溶剂性质、样品管长度、光源波长、温度等有关。

物质的旋光能力可用比旋光度来度量,比旋光度可用下式表示:

$$[\alpha]_D^{20} = \frac{\alpha \cdot 100}{l \cdot c_A} \tag{5-11-5}$$

式中,"20"表示实验时温度为 20 ℃;D 是指用钠灯光源 D 线的波长(即 589 nm)测

定的;α 为测得的旋光度;l 为样品管长度(dm);c_A 为浓度(g/100 mL)。

作为反应物的蔗糖是右旋性物质,其比旋光度 $[\alpha]_D^{20}=66.6°$;生成物中葡萄糖也是右旋性物质,其比旋光度 $[\alpha]_D^{20}=52.5°$,但果糖是左旋性物质,其比旋光度 $[\alpha]_D^{20}=-91.9°$。由于生成物中果糖的左旋性比葡萄糖右旋性大,所以生成物呈左旋性质。因此随着反应的进行,体系的右旋角不断减小,反应至某一瞬间,体系的旋光度可恰好等于零,而后就变成左旋,由于蔗糖的水解是能进行到底的,当蔗糖完全转化时,此时左旋角达到最大值 α_∞。

当测定是在同一台仪器、同一光源、同一长度的旋光管中进行时,则溶液浓度的改变正比于旋光度的改变,且比例常数相同。

$$(c_0-c_\infty) \propto (\alpha_0-\alpha_\infty)$$
$$(c_t-c_\infty) \propto (\alpha_t-\alpha_\infty)$$

又因 $$c_\infty = 0$$
所以 $$c_t/c_0=(\alpha_0-\alpha_\infty)/(\alpha_t-\alpha_\infty) \tag{5-11-6}$$
将式(5-11-6)代入式(5-11-2)得:
$$\ln(\alpha_t-\alpha_\infty) = -kt + \ln(\alpha_0-\alpha_\infty) \tag{5-11-7}$$

式中,$\ln(\alpha_0-\alpha_\infty)$ 为常数,用 $\ln(\alpha_t-\alpha_\infty)$ 对 t 作图,所得直线斜率的绝对值即为蔗糖水解速率常数 k。进而可求得半衰期 $t_{1/2}$。

若测出不同温度时的 k,可利用阿伦尼乌斯公式求出该反应在该温度范围内的平均活化能,即

$$E = \ln\frac{k(T_2)}{k(T_1)} \times R(\frac{T_1T_2}{T_2-T_1}) \tag{5-11-8}$$

【仪器与药品】

1.仪器:旋光仪 1 台,恒温旋光管 1 支,恒温槽 1 套,秒表 1 块,移液管(25 mL)2 支,容量瓶(100 mL)1 个,三角瓶(100 mL)1 个。

2.药品:浓盐酸溶液,蔗糖(分析纯)。

【实验步骤】

1.溶液的配制

(1)1.8 mol·L^{-1} HCl 溶液的配制:取 15 mL 浓盐酸于 100 mL 容量瓶中,用纯水稀释至刻度线摇匀。

(2)20% 蔗糖溶液的配制:称取 20 g 蔗糖固体溶解在 100 mL 纯水中。

2.测量

(1)将恒温槽调节到(25.0±0.1)℃恒温。

(2)旋光仪零点的校正。洗净恒温旋光管,将管子一端的盖子旋紧,向管内注入蒸馏水,使液体成一突出液面,然后盖上玻璃片,使管内无气泡存在。再旋紧套盖,勿漏水。放在恒温槽中恒温 10 min。

迅速取出旋光管,用吸水纸擦净旋光管,再用擦镜纸将管两端的玻璃片擦净,放入旋

光仪中盖上槽盖。此时可使用两种旋光仪测定：

当使用全自动旋光仪时，只需按下"清零"键，使显示为零即可。

当使用手动旋光仪时，打开光源，调节目镜使视野清晰，然后旋转检偏镜至观察到的三分视野暗度相等为止，记下检偏镜的旋转角 α，重复操作三次，取其平均值，即为旋光仪的零点。

（3）α_t 的测定。用移液管取 25.00 mL 事先恒温的 20% 蔗糖溶液置于 100 mL 三角瓶中，放在恒温槽中，再移取 25.00 mL 事先恒温的 1.8 mol·L^{-1} HCl 溶液放入蔗糖溶液中，边放边振荡，当 HCl 溶液放出一半时按下秒表开始计时（注意：秒表一经启动，勿停直至实验完毕）。迅速用反应混合液将旋光管洗涤三次后，将反应混合液装满旋光管，擦净后放入旋光仪，测量不同时刻 t 时溶液的旋光度 α_t。测定时要迅速准确，不测时应将旋光管置于恒温槽中。

当使用全自动旋光仪时，放进去盖上盖后，仪器自动进行测定，可按"复测"进行重复测定。

当使用手动旋光仪时，应将三分视野暗度调节相同后，先记下时间，再读取旋光度。每隔一定时间，读取一次旋光度，反应开始的 30 min 之内，每隔 5 min 读数一次，之后的 30 min 之内，每隔 10 min 读数一次，由于反应物浓度降低反应速率变慢，可将每次测量时间间隔适当延长，一直测定到旋光度为负值，并要测量 4～5 个负值为止。

（4）α_∞ 的测定。将步骤（3）剩余的混合液置于近 60 ℃ 的水浴中，恒温 30 min 以加速反应，然后冷却至实验温度，按照上述操作，测定其旋光度，此值即可认为是 α_∞。

【注意事项】

1. 装样品时，旋光管的管盖旋至不漏液体即可，不要用力过猛，以免压碎玻璃片。

2. 在测定 α_∞ 时，通过加热使反应速率加快转化完全，但加热温度不要超过 60 ℃。

3. 由于酸对仪器有腐蚀，操作时应特别注意，避免酸液滴漏到仪器上。实验结束后必须将旋光管洗净。

4. 旋光仪中的钠光灯不宜长时间开启，测量间隔较长时应熄灭，以免损坏。

【数据记录与处理】

1. 将实验数据记录于表 5-11-1。

表 5-11-1　数据记录及处理表

温度：_____；旋光仪零点校正值：_____；α_∞：_____

t/min	5	10	15	20	25	30	40	50	60	80	100	120	…
α_t													
$\alpha_t-\alpha_\infty$													
$\ln(\alpha_t-\alpha_\infty)$													

2. $\ln(\alpha_t-\alpha_\infty)$ 对 t 作图，由所得直线的斜率求出反应速率常数 k 和 α_0。

3. 计算蔗糖转化反应的半衰期 $t_{1/2}$。

【思考题】

1. 实验中，为什么用蒸馏水来校正旋光仪的零点？在蔗糖水解反应过程中，所测定的旋光度 α_t 是否需要零点校正？为什么？

2. 在混合蔗糖溶液时，我们是将 HCl 溶液加到蔗糖溶液中去的，可否将蔗糖加到 HCl 溶液中？

3. 为什么随着实验时间的延长，实验点误差增大？

4. 蔗糖的水解速率和哪些因素有关？

5. 已知旋光管长为 20 cm，试估算你所配制的蔗糖和 HCl 混合溶液的最初旋光度是多少？

6. 本实验还有哪些地方可以进一步改进？

【实验讨论】

1. 旋光度测定的用途：①检测物质的纯度；②确定溶液的密度；③确定物质在溶液里的浓度或含量；④鉴定光学异构体。

2. 蔗糖溶液与盐酸溶液混合时，开始时反应速率较快，立即测定会引入较大误差，第一次读数可在旋光管放入恒温槽后约 15 min 后读取。

3. 同一浓度不同类型的酸溶液对蔗糖水解反应速率也会产生不同影响，这是由于 H^+ 活度不同导致的，因此在研究蔗糖水解反应时应注明具体使用的酸溶液及浓度。

4. 本实验可基于郭子成等提出的新模型进行处理实验数据而无须测定 α_∞，但是这要求需在等时间间隔读取实验数据，并进一步处理数据，具体计算方法如下：假设每隔同样时间间隔读取某一物理量值 L，根据拉格朗日中值定理，可得：

$$\alpha = \frac{t_{i+1} + t_i}{2} \qquad \frac{dL_\alpha}{dt} = \frac{L_2 - L_1}{t_2 - t_1}$$

以 $\ln(dL_\alpha/dt)$ 对 α 作图可得到一条直线，直线斜率的绝对值即为该反应速率常数。

【拓展阅读】

1. 余训爽，黄剑平. 双参数拟合法测定蔗糖水解速率常数. 广州化工，2021，49(08)：142-143.

2. 王金虎，唐欣，王文，范立群. 精确探究温度变化对蔗糖水解反应速率常数的影响. 山东化工，2021，50(04)：125-127.

3. 邹桂华，李强，沈广志. 蔗糖水解速率常数测定实验数据处理方法的改进. 实验室科学，2019，22(03)：80-82.

4. 王勤. 蔗糖水解反应速率常数测定法的两种改进策略. 广西科技师范学院学报，2016，31(04)：139-141.

5. 许丽梅，徐旭耀，马琳. 蔗糖水解反应速率常数测定实验的设计及改进. 实验室科学，2016，19(01)：23-25.

6. 郭子成，朱良，朱红旭. 简单一级反应数据处理的一个新模型. 化学通报，2000，

（04）：47-51.

7.杨海朋,柳文军,苏轶坤,肖飞,戈早川,汤皎宁.生物传感器法测定蔗糖转化反应的速率常数——经典动力学实验的综合性设计示例.大学化学,2011,26(06):57-59.

【思政小课堂】

新一代交叉分子束科学仪器研发者——杨学明院士

杨学明院士自行设计研制和发展了一系列具有国际领先水平的科学仪器,并利用这些先进科学仪器在化学反应动力学领域取得了系列性的重要研究成果,如化学反应量子过渡态以及共振态、单分子水平上表面光解水分子机理、光催化分子动力学模型等,他所研发的交叉分子束科学仪器,成为揭示化学反应的量子特性的强有力工具。

【附-1-WZZ-2B 全自动旋光仪的使用方法】

1.安放仪器:本仪器应安放在正常的照明、室温和湿度条件下使用,防止在高温高湿的条件下使用,避免经常接触腐蚀性气体,否则将影响使用寿命,承放本仪器的基座或工作台应牢固稳定,并基本水平。

2.开机:将随机所附电源线一端插入 220 V 50 Hz 电源(最好是稳压电源),另一端插入仪器背后的电源插座。打开仪器背后开关。

3.准备:准备样品管。

4.清零:在已准备好的样品管中注入蒸馏水或待测试样的溶剂放入仪器试样室的试样槽中,按下"清零"键,使显示为零。一般情况下,本仪器如在不放样品管时示数为零,放入无旋光度溶剂(如蒸馏水)后测数也为零,但须注意倘若在测试光束的通路上有小气泡或样品管的护片上有油污,不洁物或将样品管护片旋得过紧而引起附加旋光数,则将会影响空白测数,在有空白测数存在时必须仔细检查上述因素或者用装有溶剂的空白样品管放入试样槽后再清零。

5.测试:除去空白溶剂,注入待测样品,将样品管放入试样室的试样槽中,仪器的伺服系统工作,液晶屏显示所测的旋光度值,此时液晶屏显示"1",表示仪器测试的是第一次的测定结果。

注意:样品管内腔应用少量被测试样冲洗 3～5 次。

6.复测:按"复测"键一次,液晶屏显示"2",表示仪器测试的是第二次测量结果,再次按"复测"键,显示"3",表示仪器测试的是第三次测量结果。按"1 2 3"键,可切换显示各次测量的结果。按"平均"键,显示平均值,液晶屏显示"平均"。

7.复位:按"复位"键仪器程序初始化,显示为零。

8.测定结束:测定完毕,关掉仪器电源开关,拔掉插头,清洗旋光管,并清理旋光仪样品室,保持清洁干燥。

【附-2-手动旋光仪的使用方法】

1.旋光仪的结构原理:物理化学实验中常用 WXG-4 型旋光仪测定旋光物质的旋光度的大小,从而定量测定旋光物质的浓度,其光学系统见图 5-11-1。

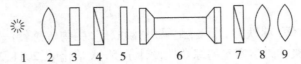

1—钠光灯;2—透镜;3—滤光片;4—起偏镜;5—石英片;
6—样品管;7—检偏镜;8,9—望远镜

图 5-11-1　旋光仪的光学系统图

　　旋光仪主要由起偏器和检偏器两部分构成。起偏器是由尼科尔棱镜构成,固定在仪器的前端,用来产生偏振光。检偏器也是由一块尼科尔棱镜组成的,由偏振片固定在两保护玻璃之间,并随刻度盘同轴转动,用来测量偏振面的转动角度。

　　旋光仪就是利用检偏镜来测定旋光度的。如调节检偏镜使其透光的轴向角度与起偏镜的透光轴向角度互相垂直,则在检偏镜前观察到的视场呈黑暗,再在起偏镜与检偏镜之间放入一个盛满旋光物的样品管,则由于物质的旋光作用,使原来由起偏镜出来的偏振光转过了一个角度 α ,这样视物不呈黑暗,必须将检偏镜也相应地转过一个 α 角度,视野才能重又恢复黑暗。因此检偏镜由第一次黑暗到第二次黑暗的角度差,即为被测物质的旋光度。

　　如果没有比较,要判断视场的黑暗程度是困难的,为此设计了三分视野法,以提高测量准确度。即在起偏镜后中部装一狭长的石英片,其宽度约为视野的三分之一,因为石英也具有旋光性,故在目镜中出现三分视野。如图 5-11-2 所示。当三分视野消失时,即可测得被测物质旋光度。由于人们的眼睛对暗度变化比较灵敏,所以总是选取暗度一致时作为旋光度的标准[图 5-11-2(d)]。

　　2.旋光仪的读数:旋光仪的读数与实际样品的旋光度不一定相同,例如对于满刻度为 180° 的旋光仪,如果旋光仪读数为 25°,则实际样品的旋光度可能为 +25°、+205°、+385° 或 -155° 等。若要决定实际样品的旋光度,至少需测两个浓度的样品。所以如果旋光仪读数为 α,则

　　实际样品的旋光度 $=\alpha \pm n \times 180°$($n$ 为整数)[对于满刻度为 180° 的旋光仪]

　　实际样品的旋光度 $=\alpha \pm n \times 360°$($n$ 为整数)[对于满刻度为 360° 的旋光仪]

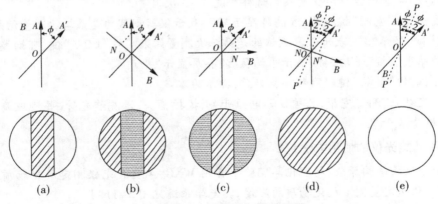

图 5-11-2　旋光仪三分视野图

实验 12　乙酸乙酯皂化反应速率常数的测定

【预习任务单】

1. 乙酸乙酯皂化反应是几级反应？如何推导出其速率常数计算式？
2. 影响乙酸乙酯皂化反应的因素有哪些？
3. 本实验的实验原理是什么？
4. 氢氧化钠和乙酸乙酯溶液的浓度需要精确配制吗？
5. 是氢氧化钠倒入乙酸乙酯溶液还是反之？为什么？
6. 电导率仪如何使用？
7. 本实验需要记录哪些数据？如何处理这些数据？
8. 除了电导率，本实验还可使用什么方法测定其反应速率常数？

【实验目的】

1. 了解电导法测定化学反应速率常数的实验原理及方法。
2. 了解二级反应的特点，学会用图解法求解二级反应的速率常数。
3. 掌握电导率仪和控温仪的使用方法。
4. 培养发现问题与解决问题的能力及综合运用知识的能力。

【实验原理】

1. 对于二级反应：

$$A + B \longrightarrow 产物$$

如果 A、B 两物质起始浓度相同，均为 a，则反应速率可表示为：

$$\frac{dx}{dt} = k(a-x)^2 \tag{5-12-1}$$

式中，x 为时间 t 反应物消耗掉的浓度。将上式定积分得：

$$k = \frac{1}{ta} \cdot \frac{x}{(a-x)} \tag{5-12-2}$$

以 $\frac{x}{a-x} - t$ 作图，若所得为直线，证明是二级反应，并可以从直线的斜率求出 k。

所以在反应进行过程中，只要能够测出反应物或产物的浓度，即可求得该反应的速率常数。如果知道不同温度下的速率常数 $k(T_1)$ 和 $k(T_2)$，按阿伦尼乌斯公式计算出该反应的活化能 E：

$$E = \ln\frac{k(T_2)}{k(T_1)} \times R\left(\frac{T_1 T_2}{T_2 - T_1}\right) \tag{5-12-3}$$

2. 乙酸乙酯皂化反应是二级反应，其反应式为：

$$CH_3COOC_2H_5 + Na^+ + OH^- === CH_3COO^- + Na^+ + C_2H_5OH$$

OH^- 电导率大，CH_3COO^- 电导率小。因此，在反应进行过程中，电导率大的 OH^- 逐渐

被电导率小的 CH_3COO^- 所取代,溶液电导率显著降低。

对稀溶液而言,强电解质的电导率 κ 与其浓度成正比,而且溶液的总电导率等于组成该溶液的电解质电导率之和。若乙酸乙酯皂化反应在稀溶液中进行,存在如下关系式:

$$\kappa_0 = A_1 a \tag{5-12-4}$$

$$\kappa_\infty = A_2 a \tag{5-12-5}$$

$$\kappa_t = A_1(a-x) + A_2 x \tag{5-12-6}$$

式中,A_1,A_2 为与温度、电解质性质、溶剂等因素有关的比例常数;κ_0,κ_∞ 分别为反应开始和终了时溶液的总电导率;κ_t 为时间 t 时溶液的总电导率。

由式(5-12-4)、式(5-12-5)和式(5-12-6)得:

$$x = \left(\frac{\kappa_0 - \kappa_t}{\kappa_0 - \kappa_\infty} \right) \cdot a \tag{5-12-7}$$

代入式(5-12-2)得:

$$k = \frac{1}{t \cdot a} \left(\frac{\kappa_0 - \kappa_t}{\kappa_t - \kappa_\infty} \right) \tag{5-12-8}$$

进一步整理得:

$$\kappa_t = \frac{1}{ak} \frac{\kappa_0 - \kappa_t}{t} + \kappa_\infty \tag{5-12-9}$$

因此,以 $\kappa_t - \dfrac{\kappa_0 - \kappa_t}{t}$ 作图为一直线即为二级反应,由直线的斜率即可求出 k,由两个不同温度下测得的速率常数 $k(T_1)$ 和 $k(T_2)$ 求出该反应的活化能。

【仪器与试剂】

1. 仪器:电导率仪及配套的铂黑电极,计时器,叉形管,吸量管(10 mL),恒温槽,容量瓶(100 mL)。

2. 试剂:乙酸乙酯,氢氧化钠溶液($0.0200 \ mol \cdot L^{-1}$)。

【实验步骤】

1. 调节恒温槽温度为 298.2 K。

2. 配制 $0.0200 \ mol \cdot L^{-1}$ 的 $CH_3COOC_2H_5$ 溶液 100 mL。

3. 分别取 10 mL 蒸馏水和 10 mL 的 $0.0200 \ mol \cdot L^{-1}$ NaOH 溶液,加到洁净、干燥的叉形管中充分混合均匀,置于恒温槽中恒温 5 min。

4. κ_0 的测定。将洗净擦干的电极插入上述已恒温的 NaOH 溶液中,测定电导率 κ_0。

5. κ_t 的测定。在另一支叉形管的直管中加 10 mL 的 $0.0200 \ mol \cdot L^{-1}$ $CH_3COOC_2H_5$ 溶液,侧支管中加入 10 mL 的 $0.0200 \ mol \cdot L^{-1}$ NaOH 溶液,并把洗净的电导电极插入直支管中。在恒温情况下,混合两溶液,同时开启计时器,记录反应时间(注意计时器一经打开切勿按停,直至全部实验结束),并在恒温槽中将叉形电导池中溶液混合均匀。

当反应进行 6 min 时测电导率一次,并在 9 min、12 min、15 min、20 min、25 min、30 min、35 min、40 min、50 min、60 min 时各测电导率一次,记录电导率 κ_t 及时间 t。

6.调节恒温槽温度为 308.2 K,重复上述步骤测定其 κ_0 和 κ_t ,但在测定 κ_t 时是按反应进行 4 min、6 min、8 min、10 min、12 min、15 min、18 min、21 min、24 min、27 min、30 min 时测其电导率。

【实验注意事项】

1.本实验所用的蒸馏水需事先煮沸,待冷却后使用,以免溶有的 CO_2 致使 NaOH 溶液浓度发生变化。配好的 NaOH 溶液需装配碱石灰吸收管,以防空气中 CO_2 进入改变溶液浓度。

2.测定 298.2 K、308.2 K 的 κ_0 时,溶液均需临时配制。

3.所用 NaOH 溶液和 $CH_3COOC_2H_5$ 溶液浓度必须相等。

4.$CH_3COOC_2H_5$ 溶液需使用时临时配制,因该稀溶液会缓慢水解($CH_3COOC_2H_5$ + H_2O══CH_3COOH + C_2H_5OH),影响 $CH_3COOC_2H_5$ 的浓度,且水解产物 CH_3COOH 又会部分消耗 NaOH。在配制溶液时,因 $CH_3COOC_2H_5$ 易挥发,称量时可预先在称量瓶中放入少量已煮沸过的蒸馏水,且动作要迅速。

5.为使 NaOH 溶液与 $CH_3COOC_2H_5$ 溶液确保混合均匀,需使该两溶液在叉形管中多次来回往复。

6.不可用纸擦拭电导电极上的铂黑。

【数据记录与处理】

1.速率常数的求解。将实验数据记录于表 5-12-1、表 5-12-2 中。

表 5-12-1　在 298.2 K 反应的实验数据记录与处理表

(1)298.2 K 时 $\kappa_0 =$ _____

t/min	6	9	12	15	20	25	30	35	40	45	50	60
κ_t /(mS · cm^{-1})												
$\dfrac{\kappa_0 - \kappa_t}{t}$ /(mS · cm^{-1} · s^{-1})												

以 $\kappa_t - \dfrac{\kappa_0 - \kappa_t}{t}$ 作图,由直线的斜率即可求出 $k(T_1)$ 。

表 5-12-2　在 308.2 K 反应的实验数据记录与处理表

(2)308.2 K 时 $\kappa_0 =$ _____

t/min	4	6	8	10	12	15	18	21	24	27	30
κ_t /(mS · cm^{-1})											
$\dfrac{\kappa_0 - \kappa_t}{t}$ /(mS · cm^{-1} · s^{-1})											

以 $\kappa_t - \dfrac{\kappa_0 - \kappa_t}{t}$ 作图,由直线的斜率即可求出 $k(T_2)$ 。

2. 由两个不同温度下(298.2 K 和 308.2 K)测得的速率常数 $k(T_1)$ 和 $k(T_2)$,求出该反应的活化能。

【思考题】

1. 如果 NaOH 和 $CH_3COOC_2H_5$ 起始浓度不相等,如何计算 k 值?

2. 如果 NaOH 和 $CH_3COOC_2H_5$ 溶液为浓溶液,能否用此法求 k 值?为什么?

【实验讨论】

1. 乙酸乙酯皂化反应是吸热反应,混合后温度降低,所以在反应开始几分钟内所测溶液的电导率偏低,最好在反应 4~6 min 后开始拟合实验数据;否则,以 $\kappa_t - \dfrac{\kappa_0 - \kappa_t}{t}$ 作图得到的不是直线。

2. 乙酸乙酯皂化反应速率常数与温度有如下关系:

$$lgk = -1780/T + 0.007\ 54T + 4.53$$

式中,k 为速率常数($mol^{-1} \cdot L \cdot min^{-1}$);$T$ 为温度(K)。

3. 铂电极上镀铂黑的目的是减少电极极化,增加电极表面积,使测定电导时具有较高的灵敏度。

【拓展阅读】

1. 张杰. pH 值测定法对乙酸乙酯皂化反应的研究. 安徽化工,2016,42(06):107-111.

2. 库尔班江·肉孜,加米拉·扎衣顿,刘瑞泉. Origin8.0 在乙酸乙酯皂化反应实验数据处理的应用. 广州化工,2013,41(07):190-192.

3. 高杰. 乙酸乙酯皂化反应速率常数测定实验的改进. 辽宁化工,2022,51(02):194-196.

4. 王立斌,刘程国,李丹. 手持技术在乙酸乙酯皂化反应中的应用. 通化师范学院学报,2009,30(02):17-20.

5. 张虎成,裴渊超,赵扬. 电导法测定乙酸乙酯皂化反应级数. 大学化学,2012,27(05):75-77.

【思政小课堂】

不畏权威、坚持真理的科学家——阿伦尼乌斯

阿伦尼乌斯(Svante August Arrhenius,1859—1927)是近代化学史上的一位著名的化学家、物理学家和天文学家。他是一位多才多艺的科学家,在物理学方面他致力于电学研究,他对当时瑞典的经济发展做出了重要贡献,亲自参与了对国内水利资源和瀑布水能的研究与开发;在天文学方面,他从事天体物理学和气象学研究。他在 1896 年发表了论文《大气中的二氧化碳对地球温度的影响》,还著有《天体物理学》教科书;在生物学研究中他写作出版了《免疫化学》及《生物化学中的定量定律》等书。

年轻时,阿伦尼乌斯就刻苦钻研,具有很强的实验能力,长期的实验室工作,养成了

他对任何问题都一丝不苟、追根究底的钻研习惯。因而他对所研究的课题,往往都能提出一些具有重大意义的假说,创立新颖独特的理论。他通过反复实验发现了电极极化会降低电流回路的电压,并且这种极化效应取决于去极化剂的含量。他在其博士论文中突破了法拉第的传统观念,提出了"电离学说",当时颇有争议,但他敢于捍卫自己的理论,并且得到了奥斯特瓦尔德和范特霍夫的大力支持,后来终被大家所承认。阿伦尼乌斯还提出了酸、碱定义;解释了反应速率与温度的关系,提出了活化能的概念及与反应热的关系等。由于其在化学领域的卓越贡献,1903 年荣获诺贝尔化学奖。

晚年时,他体弱多病,但仍不肯放下自己的研究。他抱病坚持修改完成了《世界起源》一书的第二卷。阿伦尼乌斯科学的一生,给后人以很大的思想启迪。首先,在哲学上他是一位坚定的自然科学唯物主义者。他终生不信宗教,坚信科学。当 19 世纪的自然科学家们还在深受形而上学束缚的时候,他却能打破学科的局限,从物理与化学的联系上去研究电解质溶液的导电性,因而能冲溃传统观念,独创电离学说。其次,他知识渊博,对自然科学的各个领域都学有所长,早在学生时代就已精通英、德、法和瑞典语等国语言,这对他周游各国,广泛求师进行学术交流起了重要作用。另外,他热爱祖国,为报效祖国而放弃国外的荣誉和优越条件,在当今仍不失为科学工作者的楷模。

【附-1-ZHFY 乙酸乙酯皂化反应测定装置的使用方法】

1. 简介:本测定装置采用电导法测定化学反应速率常数,并通过图解法求二级反应的速率常数,具有测量准确度高,稳定性及可靠性好、安全性高、使用方便,溶液温度补偿功能及电极常数补偿功能等特点。其测量范围是 $0 \sim 2\times10^5 \, mS \cdot cm^{-1}$(配制选用电极见表 5-12-3)。前面板如图 5-12-1 所示,后面板如图 5-12-2 所示。

表 5-12-3 测量范围 $0 \sim 2\times10^5 \, mS \cdot cm^{-1}$,分以下 3 个量程挡,各量程的分辨率及使用的电极推荐表

量程挡	测量范围	分辨率	使用电极
$200 \, mS \cdot cm^{-1}$	$0.1 \sim 200 \, mS \cdot cm^{-1}$	$0.1 mS \cdot cm^{-1}$	DJS-IC 光亮电极 DJS-IC 铂黑电极
$2 \, mS \cdot cm^{-1}$	$0.001 \sim 2 \, mS \cdot cm^{-1}$	$0.001 \, mS \cdot cm^{-1}$	DJS-IC 铂黑电极
$20 \, mS \cdot cm^{-1}$	$0.01 \sim 20 \, mS \cdot cm^{-1}$	$0.01 \, mS \cdot cm^{-1}$	DJS-IC 或 10C 铂黑电极

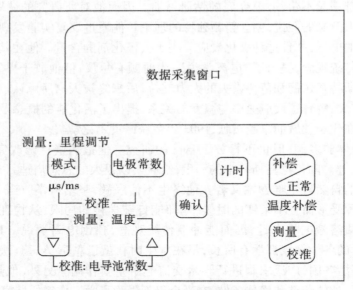

图 5-12-1　仪器前面板示意图

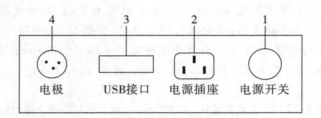

图 5-12-2　仪器后面板示意图

2. 实验前准备

(1)将电极插头插入电极插座(插头、插座上的定位销对准后,按下插头顶部即可)。接通仪器电源,仪器处于测量状态,让仪器预热 15 min。

注意:仪器安装时电极上的编号和仪器上的编号要相对应。

(2)仪器开机后进入的界面如图 5-12-3 所示。

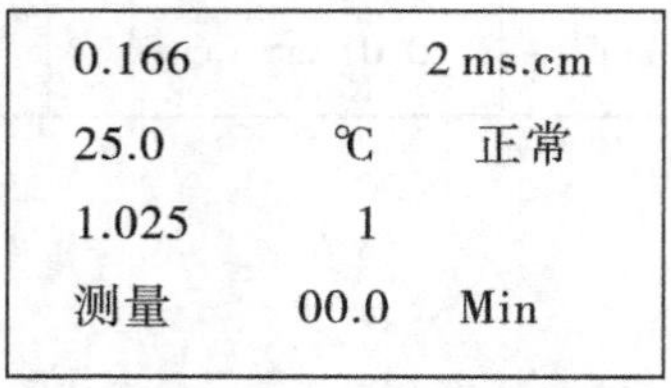

0.166		2 ms.cm
25.0	℃	正常
1.025	1	
测量	00.0	Min

图 5-12-3　仪器开机后进入的界面图

①界面上对应的数值表示如表5-12-4所示。

表5-12-4 操作界面上对应的数值表

数值	意义	数值	意义
0.166,2 ms·cm	测量值与量程挡位	1	电极常数
25.0 ℃	标准温度值	测量	处于测量状态
正常	无补偿	00.0 Min	表示计时时间
1.025	电极的电导池常数		

②如需切换量程按"模式"键。

(3)恒温槽的调节及溶液的配制:调节恒温槽温度至所需实验温度;准确配制 0.0200 mol·L^{-1} 的 NaOH 溶液和乙酸乙酯溶液各 100 mL。

3. κ_0 的测定:分别取 10 mL 蒸馏水和 10 mL 0.0200 mol·L^{-1} NaOH 的溶液,加到洁净干燥的叉型管电导池中充分混合均匀,置于恒温槽中,恒温 10 min。将电极放入已恒温的 NaOH 溶液中,测其溶液的电导率,直至数值不变为止,此数值即为 κ_0。

4. κ_t 的测定:在叉型电导池的直支管中加入 10 mL 0.02 mol·L^{-1} 乙酸乙酯溶液,侧支管中加入 10 mL 0.02 mol·L^{-1} NaOH 溶液,把洗净的电极插入直支管中,恒温 10 min,在恒温槽中将叉型电导池中溶液混合均匀,同时按下"计时"键,"Min"开始闪烁,计时开始,测定不同时刻的电导率,记录电导率 κ_t 及时间 t。实验结束时按下"计时"键,计时停止。

调节恒温槽温度为另一温度,此时仪器需要设置温度补偿,操作步骤见"仪器校准",重复测其 κ_0 和 κ_t 的步骤,测定不同时刻的电导率,记录电导率 κ_t 及时间 t。

5. 仪器校准:仪器出厂时数据已经存储过,无须再操作。只有在更换电极或测试数据有误时才执行此操作。其校准方法如下:

(1)开机 15 min 以上,在非计时状态下按"测量/校准"键,将仪器切换到校准状态,如图 5-12-4 所示。

其中:"已存"表示仪器已保存数据。第一行显示电动势,第二行显示电导池常数,第三行显示电极常数。

(2)电动势校准。按"模式"键切换,显示如图 5-12-5 所示。

```
US   09516   已存
     0.988   已存
     1       已存

状态:校准
```

```
MS   08732   未存
     0.988   已存
     1       已存

状态:校准
```

图 5-12-4 仪器进入校准界面图　　图 5-12-5 仪器在按"模式"键后切换的界面

待第一行"MS"后显示值稳定后按"确认"键使标识"未存"变为"已存",再按"模式"键切换,如图 5-12-6 所示。

```
US   09516    未存
     0.988     已存
     1         已存

     状态：校准
```

图 5-12-6　仪器在按"确认"键和"模式"键后切换的界面

待"US"后显示值稍微稳定后,按"确认"键使标识"未存"变为"已存",如此电动势保存完毕。

(3)电导池常数校准。察看测量电极电导池常数,如标示为 0.955 则调节"▲、▼",使显示第二行显示值与之对应(955),忽略小数点,按"确认"键保存电导池常数。

(4)电极常数校准。察看测量电极的电极常数,一般光亮电极为 0.1,铂黑电极为 1 或 10,按"电极常数"键,使电极标识值与显示值一致,按"确认"键使第三行显示"已存",保存电极常数。再按下"测量/校准"键,返回测量状态,校准结束。

6.温度补偿:一般情况下,所有液体电导率是指该液体介质标准温度(25 ℃)时的电导率。当介质不在 25 ℃时,其液体电导率会有一个变量,仪器设置温度补偿功能。

仪器不采用温度补偿时,测得液体电导率为该液体在其测量时液体温度下的电导率。仪器采用温度补偿时,测得液体电导率已换算为该液体在 25 ℃时的电导率。

注意:在使用本仪器做乙酸乙酯实验时,不需要温度补偿。

7.注意事项

(1)不可用纸擦拭电导电极上的铂黑。

(2)电极不用时要浸泡在 KCl 溶液中。

(3)电极常数的测定方法与电导池电极常数校准方法类似。

实验 13　胶体的制备及其电泳速度的测定

【预习任务单】

1.什么是电泳?电泳速度如何测定?胶粒电泳速度与哪些因素有关?

2.$Fe(OH)_3$溶胶如何制备?如何纯化?

3.什么是 ζ 电位?如何测定?

4.什么是辅助液?作用是什么?配制时应注意什么?

5.什么是渗析?其作用是什么?

6.本实验需要记录哪些数据?如何测定和处理这些数据?

【实验目的】

1.掌握凝聚法制备 $Fe(OH)_3$ 溶胶和纯化的方法。

2.观察并熟悉胶体的电泳现象,并了解其电学性质。

3.掌握电泳法测定胶粒电泳速度和溶胶 ζ 电位的方法。

4.培养细致耐心、不怕失败、勇于探究的科学精神。

【实验原理】

溶胶是一个多相体系,其分散相胶粒的大小在 1 nm ~ 1 mm 之间。由于本身的电离或选择性地吸附一定量的离子以及其他原因如摩擦所致,胶粒表面带有一定量的电荷,而胶粒周围的介质中分布着反离子。反离子所带电荷与胶粒表面电荷符号相反、数量相等,整个溶胶体系保持电中性,胶粒周围的反离子由于静电作用和热扩散运动的结果形成了双电层——紧密层和扩散层。紧密层约有一到两个分子层厚,紧密附着在胶核表面上,而扩散层的厚度则随外界条件(温度、体系中电解质浓度及其离子的价态等)而改变,扩散层中的反离子符合玻兹曼分布。

由于离子的溶剂化作用,紧密层的反离子结合有一定数量的溶剂分子,在电场的作用下,它和胶粒作为一个整体移动,而扩散层中的反离子则向相反的电极方向移动。这种在电场作用下分散相粒子相对于分散介质的运动称为电泳。发生相对移动的界面称为滑移面,滑移面与液体本体的电位差称为电动电位或 ζ 电位,而作为带电粒子的胶粒表面与液体内部的电位差称为质点的表面电势 φ°,相当于热力学电势(如图 5-13-1,图中 AB 为滑移面)。

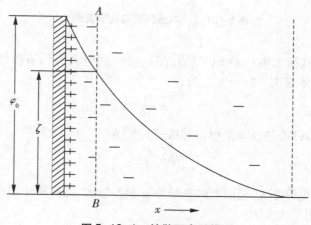

图 5-13-1 扩散双电层模型

胶粒电泳速度除与外加电场的强度有关外,还与 ζ 电位的大小有关。而 ζ 电位不仅与测定条件有关,还取决于胶体粒子的性质。

ζ 电位是表征胶体特性的重要物理量之一,在研究胶体性质及其实际应用中有着重要意义。胶体的稳定性与 ζ 电位有直接关系。ζ 电位绝对值越大,表明胶粒荷电越多,胶粒间排斥力越大，胶体越稳定。反之则表明胶体越不稳定。当 ζ 电位为零时，胶体的稳定性最差，此时可观察到胶体的聚沉。

本实验是在一定的外加电场强度下通过测定 $Fe(OH)_3$ 胶粒的电泳速度，然后计算出 ζ 电位。实验用 U 形电泳仪，如图 5-13-2 所示。

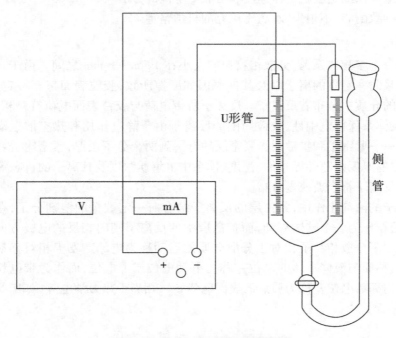

图5-13-2　电泳测定实验装置图

在电泳仪两极间接上电位差 $E(V)$ 后，在 $t(s)$ 时间内观察到溶胶界面移动的距离为 $D(m)$，则胶粒的电泳速度 $U(m \cdot s^{-1})$ 为：

$$U = \frac{D}{t} \tag{5-13-1}$$

同时相距为 $l(m)$ 的两极间的电位梯度平均值 $H(V \cdot m^{-1})$ 为：

$$H = \frac{E}{l} \tag{5-13-2}$$

如果辅助液的电导率 $\bar{\kappa}_0$ 与溶胶的电导率 $\bar{\kappa}$ 相差较大，则在整个电泳管内的电位降是不均匀的，这时需用下式求 H：

$$H = \frac{E}{\dfrac{\bar{\kappa}}{\bar{\kappa}_0} l_k (l - l_k) + l_k} \tag{5-13-3}$$

式中，l_k 为溶胶两界面间的距离。

从实验求得胶粒电泳速度后，可按下式求出 ζ 电位（V）：

$$\zeta = \frac{K\pi\eta}{\varepsilon H} \cdot U \tag{5-13-4}$$

式中,K 为与胶粒形状有关的常数(对于球形粒子 $K = 5.4 \times 10^{10} V^2 \cdot s^2 \cdot kg^{-1} \cdot m^{-1}$;对于棒形粒子 $K = 3.6 \times 10^{10} V^2 \cdot s^2 \cdot kg^{-1} \cdot m^{-1}$,本实验胶粒为棒形);$\eta$ 为介质的黏度 $(kg \cdot m^{-1} \cdot s^{-1})$;$\varepsilon$ 为介质的介电常数。

【仪器与试剂】

1. 仪器:直流稳压电源 1 台;电导率仪 1 台;电泳仪 1 个;铂电极 2 个;直尺。

2. 试剂:三氯化铁(CR);棉胶液(CR)。

【实验步骤】

1. Fe(OH)₃溶胶的制备:将 0.5 g 无水 FeCl₃ 溶于 20 mL 蒸馏水中,在搅拌的情况下将上述溶液滴入 200 mL 沸水中(控制在 4 ~ 5 min 内滴完),然后再煮沸 1 ~ 2 min,即制得 Fe(OH)₃溶胶。

2. 珂罗酊袋的制备:将约 20 mL 棉胶液倒入干净的 250 mL 锥形瓶内,小心转动锥形瓶使瓶内壁均匀铺展一层液膜,倾出多余的棉胶液,将锥形瓶倒置于铁圈上,待溶剂挥发完(此时胶膜已不粘手),用蒸馏水注入胶膜与瓶壁之间,使胶膜与瓶壁分离,将其从瓶中取出,然后注入蒸馏水检查胶袋是否有漏洞,如无,则浸入蒸馏水中待用。

3. 溶胶的纯化:将冷至约 50 ℃的 Fe(OH)₃溶胶转移到珂罗酊袋,用约 50 ℃的蒸馏水渗析,渗析时蒸馏水每次 350 ~ 400 mL,约 10 min 换一次水,渗析 7 次。

4. 电导率测定:将渗析好的 Fe(OH)₃溶胶冷至室温,测定其电导率;用 0.1 mol·L⁻¹ KCl 溶液和蒸馏水配制与溶胶电导率相同的辅助液。

5. Fe(OH)₃溶胶电泳速度的测定

(1)用蒸馏水把电泳仪洗干净,然后取出活塞,烘干。在活塞上涂上一层薄薄的凡士林,凡士林最好离孔远一些,以免弄脏溶液。

(2)关紧 U 形电泳仪下端的活塞,用滴管顺着侧管管壁加入 Fe(OH)₃溶胶(注意:若发现有气泡逸出,可慢慢旋开活塞放出气泡,但切勿使溶胶流过活塞,气泡放出后立即关闭活塞)。再从 U 形管的上口加入适量的辅助液。

(3)缓慢打开活塞(动作过大会搅混液面,而导致实验重做),使溶胶慢慢上升至适当高度,关闭活塞并记录液面的高度。轻轻将两铂电极插入 U 形管的辅助液中。

(4)将高压数显稳压电源的细调节旋钮逆时针旋到底。

(5)按"+"、"−"极性将输出线与负载相接,输出线枪式选插座插入铂电极枪式选插座尾。

(6)将电源线连接到后面板电源插座。

(7)按示意图接好线路,开启电源,点击按键"▲"进行升压,待接近所需电压(50 V)时,再顺时针调节细调旋钮,直至满足要求。同时开始计时,一段时间后,点击按键"▼"进行降压,直至数值显示为最小,再将细调节旋钮逆时针旋到底,然后关闭电源,记录溶胶界面移动的距离,用线测出两电极间的距离(注意:不是水平距离,而是 U 形管的距离,此数值重复测量 5 ~ 6 次,记下其平均值 L)。

【实验注意事项】

1. 在制备珂罗酊袋时,待溶剂挥发干后加水的时间应适中,若加水过早,因胶膜中的溶剂还未完全挥发掉,胶膜呈乳白色,强度差不能用。若加水过迟,则胶膜变干、脆,不易取出且易破。

2.溶胶的制备条件和净化效果均影响电泳速度。制胶过程应很好地控制浓度、温度、搅拌和滴加速度。渗析时应控制水温,常搅动渗析液,勤换渗析液。这样制备得到的溶胶胶粒大小均匀,胶粒周围的反离子分布趋于合理,基本形成热力学稳定态,所得的 ζ 电位准确,重复性好。

3.渗析后的溶胶必须冷至与辅助液大致相同的温度(室温),以保证两者所测的电导率一致,同时也可避免打开活塞时产生热对流而破坏溶胶界面。

【数据记录与处理】

1.数据记录(表5-13-1)

表5-13-1 实验数据记录表

时间/min	左(+,红色)	右(-,黑色)
0		
30		
40		
50		
60		
80		
100		

溶液界面移动距离 $D=$ ____m;胶体电泳时间 $t=$ ____s;电泳仪两极间接上的电位差 $E=$ ____V;两相间的相距离(铂片之间整个 U 形溶液的距离)$L=$ ____m。

2.数据处理

(1)将上述数据代入式(5-13-1),求出电泳速度 U;代入式(5-13-2)求出平均电位梯度 H。

(2)将 U、H 和介质黏度及介电常数代入式(5-13-4),求出 ζ。

(3)根据胶粒电泳时的移动方向确定其所带电荷符号。

【思考题】

1.电泳速度与哪些因素有关?

2.写出 $FeCl_3$ 水解反应式,解释 $Fe(OH)_3$ 胶粒带何种电荷取决于什么因素。

3.选择和配制辅助液有何要求?

4.如果电泳仪事先没清洗干净,管壁上残留有微量电解质,对电泳测量结果有何影响?

【讨论】

1. Fe(OH)$_3$胶体带正电,其 ζ 电位范围在 39 ~ 49 mV。

2. 仪器的干净程度要求很高,否则可能发生胶体凝聚,导致毛细管堵塞。故一定要将仪器清洗干净。

3. 电泳的实验方法很多,本实验方法称为界面移动法,适用于溶胶或大分子溶液与分散介质形成的界面在电场作用下移动速度的测定。还有显微电泳法和区域电泳法。显微电泳法是用显微镜直接观察质点电泳的速度,要求研究对象必须在显微镜下能明显观察到,此方法简便、快速、需要样品少,在质点本身所处环境下测定,适用于粗颗粒的悬浮体和乳状液。区域电泳法是以惰性均匀的固体或凝胶作为被测样品载体进行电泳,以达到分离与分析电泳速度不同的各组分的目的,该方法简便易行、分离效率高、样品用量少,可避免对流影响,现已成为分离与分析蛋白质的基本方法。

4. 界面电泳移动法中辅助液的选择非常重要,因为 ζ 电位对辅助液成分十分敏感,最好使用该胶体的超滤液。1-1 型电解质组成的辅助液多选用 KCl 溶液,因为 K$^+$ 和 Cl$^-$的迁移速率基本相同。此外还要求辅助液的电导率与溶胶一致,避免因界面处电场强度的突变造成两臂界面移动速度不等产生界面模糊。观察界面移动时,应由同一个人观察,从而减小误差。

5. 由化学反应得到的溶胶都带电荷,而电解质浓度过高会影响胶体的稳定性。常用半透膜提纯溶胶,称为渗析。半透膜孔径大小可允许电解质通过而胶粒通不过,并且本实验采用热水渗析是为了提高渗析效率,保证纯化效果。

6. 若被测溶胶无色,则其与辅助液的界面肉眼很难观察,可利用胶体的丁达尔效应或利用紫外光照射产生荧光观察其界面移动。

【拓展阅读】

1. 艾俊哲,谢郢,周可心,池伸. 胶体电泳速度测定实验改进探索. 广东化工,2022,49(03):186-188.

2. 吴睿奇,姜祎,白宇,李鑫伟. 氢氧化铁胶体电泳速率影响因素的实验研究. 理科爱好者(教育教学),2021(05):251-253.

3. 韩锡光,李秋艳. 大学物理化学实验"胶体电泳"的改进研究. 大学教育,2017(11):84-86.

【思政小课堂】

一代宗师——傅鹰

傅鹰(1902—1979),字肖鸿,我国著名的物理化学家和化学教育家,我国胶体科学的主要奠基人,1955 年当选为中国科学院学部委员。他砥志研思,在胶体和表面化学方面取得了系统性、创新性的研究成果,受到国际学术界的重视。青年时期,他深入研究的吸附作用和溶液中影响固体吸附因素等相关内容已成为吸附理论的重要组成部分。傅鹰和导师巴特尔首次提出的润湿法测量固体粉末比表面积的方法,比 BET 气体吸附法早 8年。傅鹰先生两次赴美求学,多次婉拒国外优厚条件,一心报效祖国,他致力于科研和教育事业50多年,为表面化学基础理论的发展和化学人才的培养做出了卓越贡献。

【附-DYJ 电泳实验装置】

1. 简介:DYJ 系列电泳实验装置是通过界面移动法来测定溶胶粒子在电场的作用下,发生定向运动,通过测定胶粒的电泳速度计算出 ζ 电位。具有使用简便,显示清晰直观,实验数据稳定、可靠等特点,是院校做此实验的理想实验装置。

2. 前面板示意图

实验装置前面板如图 5-13-3 所示。

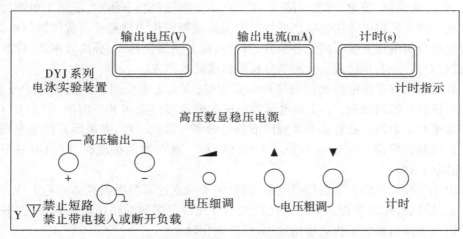

图 5-13-3   实验装置前面板示意图

(1)输出电压:显示输出的实际电压。

(2)输出电流:显示输出的实际电流。

(3)计时显示窗口:显示计时时间。

(4)电压粗调:粗略调节所需电压(▲表示升压按键,▼表示降压按键),内置电压调节共9挡,点击按键1次对应1挡电压调节。

(5)电压细调:精确调节所需电压。

(6)正极接线柱:负载的正极接入处。

(7)负极接线柱:负载的负极接入处。

(8)接地接线柱。

3. 操作步骤

(1)$Fe(OH)_3$ 溶胶的制备:将 0.5 g 无水 $FeCl_3$ 溶于 20 mL 蒸馏水中,在搅拌的情况下将上述溶液滴入 200 mL 沸水中(控制在 4~5 min 内滴完),然后再煮沸 1~2 min,即制得 $Fe(OH)_3$ 溶胶。

(2)珂罗酊袋的制备:将约 20 mL 棉胶液倒入干净的 250 mL 锥形瓶内,小心转动锥形瓶使瓶内壁均匀展开一层液膜,倾出多余的棉胶液,将锥形瓶倒置,待溶剂挥完(此时胶膜已不粘手),用蒸馏水注入胶膜与瓶壁之间,使胶膜与瓶壁分离,将其从瓶中取出,然后注入蒸馏水检查胶袋是否有漏洞,如无,则浸入蒸馏水待用。

(3)溶胶的纯化:将冷至约 50 ℃ 的 $Fe(OH)_3$ 溶胶转移到珂罗酊袋,用约 50 ℃ 的蒸馏水渗析,约 10 min 换水 1 次,渗析 10 次。

(4)将渗析好的 $Fe(OH)_3$ 溶胶冷却至室温,测其导电率,用 0.1 mol·L^{-1} KCl 溶液和蒸馏水配制与溶胶电导率相同的辅助液。

(5)用蒸馏水把电泳仪洗干净,然后取出活塞,烘干。在活塞上涂上一层薄薄的凡士林,凡士林最好离孔远一些,以免弄脏溶液。

(6)关紧 U 形电泳仪下端的活塞,用滴管顺着侧管管壁加入 $Fe(OH)_3$ 溶胶(注意:若发现有气泡逸出,可慢慢旋开活塞放出气泡,但切勿使溶胶流过活塞,气泡放出后立即关闭活塞)。再从 U 形管的上口加入适量的辅助液。

(7)缓慢打开活塞(动作过大会搅混液面,而导致实验重做),使溶胶慢慢上升至适当高度,关闭活塞并记录液面的高度。轻轻将两铂电极插入 U 形管的辅助液中。

(8)将高压数显稳压电源的细调节旋钮逆时针旋到底。

(9)按"+"、"−"极性将输出线与负载相接,输出线枪式选插座插入铂电极枪式选插座尾。

(10)将电源线连接到后面板电源插座。

(11)按示意图接好线路,开启电源,点击按键"▲"进行升压,待接近所需电压(50 V)时,再顺时针调节细调旋钮,直至满足要求。同时开始计时,一段时间后,点击按键"▼"进行降压,直至数值显示为最小,再将细调节旋钮逆时针旋到底,然后关闭电源,记录溶胶界面移动的距离,用线测出两电极间的距离(注意:不是水平距离,而是 U 形管的距离,此数值重复测量 5~6 次,记下其平均值 L)。

4.注意事项

(1)高压危险,在使用过程中,必须接好负载后再打开电源。

(2)在调节粗调时,一定要等电压、电流稳定后,再调节下一挡。

(3)输出线插入接线柱应牢固、可靠,不得有松动,以免高压打火。

(4)在调节过程中,若电压、电流不变化,是由于保护电路工作,形成死机,此时应关闭电源再重新按操作步骤操作。此状态一般不会出现。

(5)不得将两输出线短接。

(6)若负载需接大地,可将负载接地线与仪器面板黑接线柱(⊥)相连。

实验 14　偶极矩的测定

【预习任务单】

1.什么是偶极矩?什么是极化度?二者有什么关系?

2.极化度如何测定?偶极矩如何测定?

3.本实验需要配制哪些溶液?如何配制?

4.本实验需要测定哪些参数？如何测定？

5.有哪些因素可能会引起误差？如何降低这些因素的影响？

【实验目的】

1.了解溶液法测定偶极矩的原理、方法和计算。

2.了解偶极矩与分子电性质的关系。用溶液法测定乙酸乙酯的偶极矩。

3.掌握电桥法测定极性物质在非极性溶剂中的介电常数和分子偶极矩。

4.培养学生细致耐心、不怕困难的科学精神和环保意识。

【实验原理】

1.偶极矩与极化度：分子结构可近似地被看成是由电子云和分子骨架（原子核及内层电子）构成的，分子本身呈电中性，但由于空间构型的不同，正、负电荷中心可重合也可不重合，前者称为非极性分子，后者称为极性分子。分子极性大小常用偶极矩来度量，其定义为：

$$\vec{\mu} = qd \tag{5-14-1}$$

式中，q 为正负电荷中心所带的电荷；d 为正、负电荷中心间距离；$\vec{\mu}$ 为向量，其方向规定为从正到负。因分子中原子间距离的数量级为 10^{-10} m，电荷数量级为 10^{-20} C，所以偶极矩的数量级为 10^{-30} C·m。

极性分子具有永久偶极矩。在无外电场存在时，由于分子的热运动，偶极矩指向各方向的机会均等，故其偶极矩统计值为零。

但是若将极性分子置于均匀的外电场中，分子会沿电场方向做定向运动，同时分子中的电子云对分子骨架发生相对移动，分子骨架也会发生变形，称为分子极化。极化程度可用摩尔极化度 p 来衡量。由转向而极化称为摩尔转向极化度（$p_{转向}$），由变形导致的称为摩尔变形极化度（$p_{变形}$）。而 $p_{变形}$ 又是电子极化（$p_{电子}$）和原子极化（$p_{原子}$）之和。因此：

$$p = p_{转向} + p_{变形} = p_{转向} + (p_{电子} + p_{原子}) \tag{5-14-2}$$

$p_{转向}$ 与永久偶极矩 μ 平方成正比，与热力学温度 T 成反比：

$$p_{转向} = \frac{4}{9}\pi N \frac{\mu^2}{KT} \tag{5-14-3}$$

式中，K 为玻尔兹曼常数；N 为阿伏伽德罗常数。

对于非极性分子，因 $\mu=0$，其 $p_{转向}=0$，所以 $p = p_{变形} = p_{电子} + p_{原子}$。

若外电场为交变电场，极性分子的极化与交变电场的频率有关。在电场频率小于 10^{10} s^{-1} 的低频电场或静电场下，极性分子产生的摩尔极化度 p 是转向极化度、电子极化度和原子极化度的总和，即 $p = p_{转向} + (p_{电子} + p_{原子})$。而在电场频率为 $10^{12} \sim 10^{14}$ s^{-1} 的中频电场下（红外光区），因为电场的交变周期小于偶极矩的松弛时间，使得极性分子的转向运动跟不上电场变化，即极性分子无法沿电场方向定向，则 $p_{转向} = 0$。此时分子的摩尔极化度 $p = p_{变形} = p_{电子} + p_{原子}$。当交变电场的频率大于 10^{15} s^{-1}（即可见光和紫外光区），极性分子的转向运动和分子骨架变形都跟不上电场的变化，此时 $p = p_{电子}$。

因此,只要在低频电场下测得极性分子的摩尔极化度 $p = p_{转向} + (p_{电子} + p_{原子})$,在中频电场下测得极性分子的摩尔极化度 $p = p_{电子} + p_{原子}$,两者相减即可得到极性分子的摩尔转向极化度 $p_{转向}$,代入式(5-14-3),即可算出其永久偶极矩 μ。

因为 $p_{原子}$ 只占 $p_{变形}$ 中 $5\% \sim 15\%$,而实验时由于条件的限制,一般总是用高频电场来代替中频电场。所以通常近似地把高频电场下测得的摩尔极化度当作摩尔变形极化度 $p = p_{电子} = p_{变形}$。

2. 极化度和偶极矩的测定:对于分子间相互作用很小的体系,Clausius-Mosotti-Debye 从电磁理论推得摩尔极化度 p 与介电常数 ε 之间的关系为:

$$p = \frac{\varepsilon - 1}{\varepsilon + 2} \cdot \frac{M}{\rho} \tag{5-14-4}$$

式中,M 为摩尔质量;ρ 为密度。

上式是假定分子间无相互作用而推导出的,因此上式只适用于温度不太低的气相体系。但测定气相介电常数和密度在实验上困难较大,所以应提出溶液法来解决这一问题。

溶液法测定极化度的基本思想是:在无限稀释的非极性溶剂的溶液中,溶质分子所处的状态和气相相近,于是无限稀释溶液中溶质的摩尔极化度 p_2^∞ 就可看作上式中的 p,即

$$p = p_2^\infty = \lim_{X_2 \to 0} p_2 = \frac{3\alpha\varepsilon_1}{(\varepsilon_1 + 2)^2} \cdot \frac{M_1}{\rho_1} + \frac{\varepsilon_1 - 1}{\varepsilon_1 + 2} \cdot \frac{M_2 - \beta M_1}{\rho_1} \tag{5-14-5}$$

式中,ε_1、M_1、ρ_1 分别为溶剂的介电常数、摩尔质量和密度;M_2 为溶质的摩尔质量;α、β 为两常数,可由下面两个稀溶液的近似公式求出:

$$\varepsilon_{溶} = \varepsilon_1(1 + \alpha X_2) \tag{5-14-6}$$
$$\rho_{溶} = \rho_1(1 + \beta X_2) \tag{5-14-7}$$

式中,$\varepsilon_{溶}$、$\rho_{溶}$、X_2 分别为溶液的介电常数、密度和溶质的摩尔分数。

通过测定纯溶剂 ε_1、ρ_1 及不同浓度 (X_2) 溶液的 $\varepsilon_{溶}$、$\rho_{溶}$,并代入式(5-14-5)即可求出溶质分子的总摩尔极化度。

基于光的电磁理论,在同一频率的高频电场作用下,透明物质的介电常数 ε 与折光率 n 的关系为:

$$\varepsilon = n^2 \tag{5-14-8}$$

常用摩尔折射度 R_2 来表示高频区测得的极化度。此时 $p_{转向} = 0$,$p_{原子} = 0$,则

$$R_2 = p_{变形} = p_{电子} = \frac{n^2 - 1}{n^2 + 2} \cdot \frac{M}{\rho} \tag{5-14-9}$$

同样测定不同浓度溶液的摩尔折射度 R,外推至无限稀释,就可求出该溶质的摩尔折射度公式。

$$R_2^\infty = \lim_{X_2 \to 0} R_2 = \frac{n_1^2 - 1}{n_1^2 + 2} \cdot \frac{M_2 - \beta M_1}{\rho_1} + \frac{6n_1^2 M_1 \gamma}{(n_1^2 + 2)^2 \rho_1} \tag{5-14-10}$$

式中,n_1 为溶剂摩尔折光率;γ 为常数,可由下式求出:

$$n_溶 = n_1(1+\gamma X_2) \tag{5-14-11}$$

其中 α、β、γ 可分别根据式（5-14-6）、（5-14-7）和式（5-14-11）作出 $\varepsilon_溶-X_2$、$\rho_溶-X_2$、$n_溶-X_2$ 图求出。

综上所述，可得：

$$p_{转向} = p_2^\infty - R_2^\infty = \frac{4}{9}\pi N \frac{\mu^2}{KT} \tag{5-14-12}$$

$$\mu = 0.0128\sqrt{(p_2^\infty - R_2^\infty)T}(D) = 0.0426 \times 10^{-30}\sqrt{(p_2^\infty - R_2^\infty)T}(c \cdot m) \tag{5-14-13}$$

3. 介电常数的测定：介电常数是通过测定电容计算得到。按定义：

$$\varepsilon = \frac{C}{C_0} \tag{5-14-14}$$

式中，C_0 为以真空为介质的电容；C 为充以介电常数为 ε 的介质时的电容，实验上通常以空气为介质时的电容为 C_0，因为空气相对于真空的介电常数为 1.0006，与真空作介质的情况相差甚微。由于小电容测量仪测定电容时，除电容池两极间的电容 C_0 外，整个测试系统中还有分布电容 C_d 的存在，所以实测的电容应为 C_0 和 C_d 之和，即：

$$C_x = C_0 + C_d \tag{5-14-15}$$

式中，C_x 为实验所测值。

对于同一台仪器和同一电容池，在相同的实验条件下，C_d 基本上是定值，故可用一已知介电常数的标准物质（如环己烷）求得 C_d。

$$\varepsilon_{环己烷} = 2.052 - 1.55 \times 10^{-3}t \tag{5-14-16}$$

式中，t 为测定时的温度（℃）。

本实验采用电桥法。校正方法如下：

$$C'_空 = C_空 + C_d \tag{5-14-17}$$

$$C'_标 = C_标 + C_d \tag{5-14-18}$$

$$\varepsilon_标 = C_标 / C_空 (C_空 \approx C_0) \tag{5-14-19}$$

故：

$$C_d = (\varepsilon_标 C'_空 - C'_标)/(\varepsilon_标 - 1) \tag{5-14-20}$$

式中，$C'_空$、$C'_标$ 为实验所测值；$C_空$、$C_标$ 为真实的电容。

【仪器与试剂】

1. 仪器：精密电容测定仪 1 台；密度管 1 支；阿贝折光仪 1 台；容量瓶（25 mL）5 个；注射器（5 mL）1 支；超级恒温槽 1 台；烧杯（10 mL）5 个；移液管（5 mL）1 支；滴管 5 根。

2. 试剂：环己烷（AR）；乙酸乙酯（AR）。

【实验步骤】

1. 配制溶液和溶液密度测定

（1）用称量法配制五种浓度（摩尔分数）0.05、0.100、0.150、0.20、0.30 左右的乙酸乙酯-环己烷溶液，分别盛于容量瓶中。

（2）具体方法：取洁净干燥且做好标记的 25 mL 容量瓶，置于分析天平上（要选择合适的分析天平,估算定容后容量瓶和溶液的总质量不能超过分析天平的最大称量质量),按"去皮"键,用移液枪滴加入事先算好的乙酸乙酯体积,记下乙酸乙酯质量,再次去皮,加入环己烷定容至刻度线,摇匀,记下加入环己烷的质量,根据二者的质量即可算出溶液的乙酸乙酯的摩尔分数及溶液的密度。将数据记录于表5-14-1中。

表5-14-1 称量法配制乙酸乙酯的环己烷溶液

溶液编号	1	2	3	4	5
乙酸乙酯的质量					
环己烷的质量					
溶液的摩尔分数 X_2					
溶液密度 ρ_2					

2.折光率的测定:在(25 ± 0.1) ℃条件下,用阿贝折射仪测定环己烷和五种溶液的折光率。将数据记录于表5-14-2中。

表5-14-2 环己烷与各溶液的折光率记录表

溶液编号	环己烷	1	2	3	4	5
溶液的摩尔分数 X_2	—					
折光率 n						

3.介电常数的测定

(1)C_d的测定

①以环己烷为标准物质,测空气和环己烷的电容 $C'_空$ 和 $C'_标$,结合式(5-14-16)算出实验温度时环己烷的介电常数 $\varepsilon_标$,代入式(5-14-20)求得 C_d。

②具体做法:用吸耳球将电容池样品室吹干,用配套测试线将数字小电容测试仪的"C2"插座与电容池的"C2"插座相连,将另一根测试线的一端插入数字小电容测试仪的"C1"插座,插入后顺时针旋转一下,以防脱落,另一端悬空。开启电容测定仪工作电源,预热10 min,待显示稳定后,按一下"采零"键,以消除系统的零位漂移,显示器显示"00.00"。将测试线悬空一端插入电容池"外电极C1"插座,待数显稳定后记下,此时仪表显示值为空气介质的电容($C_空$)与系统分布电容(C_d)之和,即$C'_空$。

(2)溶液电容的测定:按上述方法分别测定各浓度溶液的 C',每次测 C' 后均需复测 $C'_空$,以检验样品室是否还残留样品。由 $C = C' - C_d$ 求出各溶液的真实电容。将数据记录于表5-14-3中。

表 5-14-3　空气、环己烷与各溶液的电容记录表

溶液编号	空气	环己烷	1	2	3	4	5
溶液的摩尔分数 X_2	—	—					
电容 C'/pF							
分布电容 C_d/pF							
C_0/pF							
电容 C_x/pF							
介电常数 e							

【实验注意事项】

1. 使用分析天平前应估算所称量溶液的质量,确定使其质量不能超过分析天平的最大称量质量,以免损坏分析天平。

2. 环己烷、乙酸乙酯易挥发,配制溶液时动作应迅速,以免影响浓度。

3. 本实验溶液中防止含有水分,所配制溶液的器具需干燥,溶液应透明不发生浑浊。

4. 测定电容时,应防止溶液的挥发及吸收空气中极性较大的水汽,影响测定值。

5. 电容池各部件的连接应注意绝缘,电容池应保持清洁干燥,测定样品后一定要用吸耳球吹干,待数字显示恢复到空气的电容后才可进行另外样品的测定。

6. 实验后的废液应回收至有机废液桶中。

【数据记录与处理】

1. 处理表 5-14-1,作 $\rho_溶$-X_2 图,求出 β。

2. 处理表 5-14-2,作 $n_溶$-X_2 图,求出 γ。

3. 处理表 5-14-3,作 $\varepsilon_溶$-X_2 图,求出 α。

4. 代入式(5-14-5)、式(5-14-10)及式(5-14-13),求出偶极矩 μ。

【思考题】

1. 准确测定溶质摩尔极化度和摩尔折射度时,为什么要外推至无限稀释?

2. 试分析实验中引起误差的因素,如何改进?

【实验讨论】

1. 在 25 ℃时测得的乙酸乙酯的偶极矩应为 $1.9\pm0.2(D)$。

2. 从偶极矩的数据可以了解分子的对称性,判别其几何异构体和分子的主体结构等问题。偶极矩一般是通过测定介电常数、密度、折射率和浓度来求算的。对介电常数的测定除电桥法外,其他还有拍频法和谐振法等。对气体和电导很小的液体以拍频法为好,有相当电导的液体用谐振法较为合适;对于有一定电导但不大的液体用电桥法较为理想。

3. 溶液法测得的溶质偶极矩和气相法测得的真空值之间存在着偏差,这主要是由于

在溶液中存在溶质分子与溶剂分子以及溶剂分子与溶剂分子间作用的溶剂效应。

【拓展阅读】

1. 张岩,周立敏,高先池,李苓.基于绿色化学理念的偶极矩测定实验综合化设计.山东化工,2022,51(02):187-188+203.

2. 孟晓燕.溶液法测定极性分子的偶极矩.江西化工,2015(06):100-103.

3. 许文华,岳可芬,马洁,张萍.对溶液法测定偶极矩实验中单位制的思考.大学化学,2022,37(07):241-245.

【思政小课堂】

"中国量子化学之父"唐敖庆

唐敖庆(1915—2008),是我国现代理论化学研究的开拓者和奠基人,被誉为"中国量子化学之父"。新中国成立伊始,他谢绝美国哥伦比亚大学导师的再三挽留,毅然回国。作为学识渊博的一代宗师和资深的中国科学院院士,他潜心科研,勇攀科学高峰,在量子化学、统计力学在化学中的应用和计算化学等三个重要领域做出了开创性的研究。作为知名大学的校长,唐敖庆治校有方、尊师爱生,为吉林大学的发展与建设鞠躬尽瘁。作为著名的教育家,他爱国敬业,饱含赤子情怀,为我国的教育科技事业奉献终生,创造了光辉的业绩,做出了彪炳史册的贡献。

唐敖庆曾经说过:"我的事业在自己的祖国,我的祖国就是中华人民共和国。"唐敖庆的言行值得我们每一个中国人学习。

【附1-阿贝折光仪的使用方法】

1. 阿贝折光仪构造:阿贝折光仪的构造如图5-14-1所示。

2. 仪器的安装:将阿贝折光仪置于靠窗的桌子或白炽灯前。但勿使仪器置于直照的日光中,以避免液体试样迅速蒸发。用橡皮管将测量棱镜和辅助棱镜上保温夹套的进水口与超级恒温槽串联起来,恒温温度以折光仪上的温度计读数为准。用无水酒精与乙醚(1:4)的混合液和脱脂棉轻擦干净进光棱镜毛面、折射棱镜抛光面及标准试样的抛光面。

3. 仪器的校准:在正确实验条件下,用溴代萘进行校准。对折射棱镜的抛光面加1~2滴校准试液,贴上标准试样的抛光面,当读数视场指示于标准试样上之值时观察望远镜内明暗分界线是否在十字线中间,若有偏差则用螺丝刀微量旋转靠近我们一侧的小孔内螺钉,使之调至十字线中心。反复观察与校正,使示值的起始误差降至最小。校准完毕后,在以后的测试过程中不许随意挪动仪器和调节小孔的螺钉。

也可使用纯水校准仪器,当分界线位于十字线的中心时,下方显示值应为上排读数0(百分比浓度)、下排1.333(折射率)。若刻度值不正确,可用螺丝刀旋转调节螺丝校正。

4. 测试

(1)加样。松开锁钮,开启辅助棱镜,使其磨砂的斜面处于水平位置,用滴管加少量丙酮清洗镜面,促使难挥发的玷污物逸走,用滴管时注意勿使管尖碰撞镜面。必要时可用擦镜纸轻轻吸干镜面,但切勿用滤纸。待镜面干燥后,滴加数滴试样于辅助棱镜的毛镜面上,闭合辅助棱镜,旋紧锁钮。若试样易挥发,则可在两棱镜接近闭合时从加液小槽中加入,然后闭合两棱镜,锁紧锁钮。

注意:测定液体时只需滴上合适的液体,而当测定透明、半透明固体时,被测物体上需有一个平整的抛光面。把进光棱镜打开,在折射镜的抛光面上加1~2滴溴代萘,并将被测物体的抛光面擦干净放上去,使其接触良好,此时便可在目镜视场中寻找分界线,瞄准和读数的操作方法跟测液体一样。

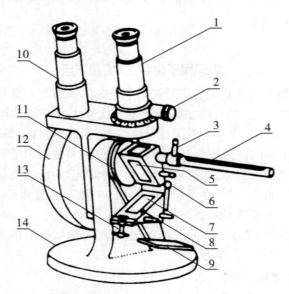

1—测量镜筒;2—阿米西棱镜手轮;3—恒温器接头;4—温度计;5—测量棱镜;6—铰链;7—辅助棱镜;8—加样品孔;9—反射镜;10—读数镜筒;11—转轴;12—刻度盘罩;13—棱镜锁紧扳手;14—底座

图 5-14-1 阿贝折光仪的构造示意图

(2)对光。转动手柄,使刻度盘标尺上的示值为最小,调节反射镜,使入射光进入棱镜组,同时从测量望远镜中观察,使视场最亮。调节目镜,使视场准丝最清晰。

(3)粗调。转动手柄,使刻度盘标尺上的示值逐渐增大,直至观察到视场中出现彩色光带或黑白临界线为止。

(4)消色散。转动消色散手柄,使视场内呈现一个清晰的明暗临界线。

(5)精调。转动手柄,使临界线正好处在 X 形准丝交点上,若此时又呈微色散,必须重调消色散手柄,使临界线明暗清晰。

(6)读数。为保护刻度盘的清洁,现在的折光仪一般都将刻度盘装在罩内,读数时先打开罩壳上方的小窗,使光线射入,然后从读数望远镜中读出标尺上相应的示值。由于眼睛在判断临界线是否处于准丝点交点上时,容易疲劳,为减少偶然误差,应转动手柄,重复测定三次,三个读数相差不能大于0.0002,然后取其平均值。如图5-14-2所示。

5. 维护与保养

（1）仪器应放置于干燥、空气流通的室内，以免光学零件受潮后生霉。

（2）当测试腐蚀性液体时应及时做好清洗工作(包括光学零件、金属零件以及油漆表面)，防止侵蚀损坏，仪器使用完毕后必须做好清洁工作，放入箱内，箱内应存有干燥剂以免受潮。

（3）被测试样中不应有硬性杂质，当测试固体试样时，应防止把折射棱镜表面拉毛或产生压痕。

（4）应保持仪器清洁，严禁油手、汗手触及光学零件。光学零件被污染，应用长纤维脱脂棉轻擦后用皮吹风吹去。

（5）仪器避免强烈震动或撞击，以防止光学零件损伤及影响精度。

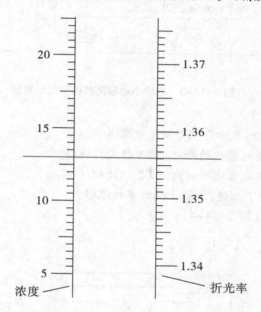

实验测得折光率为：1.356+0.001x1/5=1.3562

图 5-14-2　阿贝折光仪读数面板

【附 2-PGM-Ⅱ数字小电容测试仪的使用方法】

1. 简介：该仪表具有高分辨率等特点，不仅可以测定电容量，还可和电容池配套，对溶剂和溶液的介电常数进行测定。

2. 数字小电容测试仪的技术指标(表 5-14-4)。

表 5-14-4　数字小电容测试仪的技术指标表

测量范围	0 ~ 199.99 PF
分辨率	0.01 PF
环境	温度: -10 ~ 40 ℃; 相对湿度: ≤85%

3. 数字小电容测试仪面板示意图(图 5-14-3)。

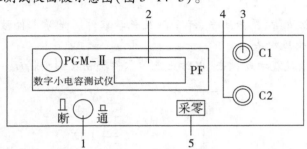

图 5-14-3　数字小电容测试仪面板示意图

(1)电源开关。

(2)LED 显示窗口:显示所测介质的电容量。

(3)"C1"插座:与电容池的外电极 C1 插座相连接。

(4)"C2"插座:与电容池的内电极 C2 插座相连接。

(5)采零键:按一下此键,消除系统的零位漂移。

4. 电容池示意图(图 5-14-4)。

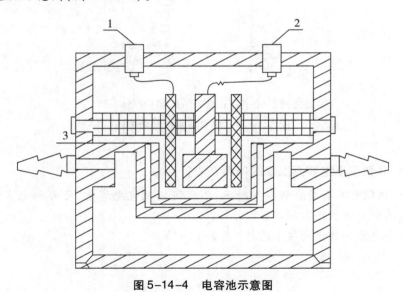

图 5-14-4　电容池示意图

(1)外电极插座 C1:与数字小电容测试仪的"C1"插座连接。

（2）内电极插座 C2：与数字小电容测试仪的"C2"插座连接（接线插头一定要插到底）。

（3）恒温水通道。

5. 小电容测试仪的使用方法

（1）准备：用配套电源线将后面板的"电源插座"与～220 V 电源连接，再打开前面板的电源开关，此时 LED 显示某一数值。预热 5 min。

（2）按一下"采零"键，以清除仪表系统零位漂移，显示器显示"00.00"。

（3）将被测电容两引出线分别插入仪器前面板"C1"插座、"C2"插座，显示稳定后的值即为被测电容的电容量。

6. 介电常数的测定方法

（1）准备

①用配套电源线将后面板的"电源插座"与～220 V 电源连接，再打开前面板的电源开关，此时 LED 显示某一数值。预热 5 min。

②电容池使用前，应用丙酮或乙醚对内、外电极之间的间隙进行数次冲洗，并用电吹风吹干，才能注入样品溶液。

③用配套测试线将数字小电容测试仪的"C2"插座与电容池的"C2"插座相连，将另一根测试线的一端插入数字小电容测试仪的"C1"插座，插入后顺时针旋转一下，以防脱落，另一端悬空。

④采零：待显示稳定后，按一下"采零"键，以消除系统的零位漂移，显示器显示"00.00"。

（2）空气介质电容的测量：将测试线悬空一端插入电容池"外电极 C1"插座，此时仪表显示值为空气介质的电容（$C_空$）与系统分布电容（C_d）之和。

（3）液体介质电容的测量：拔出电容池"外电极 C1"插座一端的测试线。打开电容池上盖，用移液管往样品杯内加入待测样品，加入待测样品至样品杯内的刻度线（注意：每次加入的样品量必须严格相等），盖上上盖。待显示稳定后，按一下"采零"键，显示器显示"00.00"。

（4）将拔下的测试线的空头一端插入电容池"外电极 C1"插座，此时，显示器显示值即为待测样品电容（$C_液$）与分布电容之和（C_d）。

（5）吸管吸出电容池内样品，并用电吹风吹干电容池，电容池完全干后才能加入新样品。

（6）关机：实验完毕，关闭电源开关，拔下电源线。

7. 使用和维护注意事项

（1）测量空气介质电容或液体介质电容时，须首先拔下电容池"外电极 C1"插座一端的测试线，再进行采零操作，以清除系统的零位漂移，保证测量的准确度。

（2）带电电容请勿在测试仪上进行测试，以免损坏仪表。

（3）易挥发的液体介质测试时，加入液体介质后，必须将盖子盖紧，以防液体挥发，影响测试的准确度。

（4）仪表应放置在干燥、通风及无腐蚀性气体的场所。

（5）一般情况下，尽量不要拆卸电容池，以免因拆卸时不慎损坏密封件，造成漏气（液），而影响实验的顺利进行。

实验15 银纳米粒子的合成和表征

【预习任务单】

1. 什么是银纳米粒子？有什么用途？
2. 本实验中银纳米粒子制备方法是什么？其制备原理是什么？
3. 紫外可见分光光度计如何使用？
4. 锻炼实验操作能力，培养独立思考能力和追求创新的意识。

【实验目的】

1. 掌握化学还原法合成银纳米粒子的方法。
2. 熟练掌握紫外可见分光光度计的使用方法；进一步验证朗伯-比尔定律。
3. 锻炼实验操作能力以及根据实验现象分析原理，独立思考能力。
4. 培养勇于创新的精神。

【实验原理】

银纳米粒子由于其独特的光学、电学等性质而被广泛应用于电子学、催化、生化检测、抗菌等方面。在众多制备方法中，化学还原法是一种简便快速的合成方法，在水溶液中，$AgNO_3$很容易被一些还原剂如硼氢化物、柠檬酸、抗坏血酸等还原。

本实验中制备银纳米粒子的化学反应如下：

$$2AgNO_3+2NaBH_4+6H_2O \Longrightarrow 2Ag+2NaNO_3+2H_3BO_3+7H_2\uparrow$$

该反应中 $AgNO_3$ 和 $NaBH_4$ 物质的量之比理论上为 1:1；但在实际反应过程中要得到合适粒径的银纳米粒子，还原剂 $NaBH_4$ 必须远远过量。此外由于还原剂 $NaBH_4$ 的还原性很强，不同浓度比的原料将制得不同粒径大小的银纳米粒子，表现出不同的颜色，有黄溶胶和灰溶胶 2 种。

此外，一些植物提取物可以作为还原剂和稳定剂用于制备稳定的银纳米粒子，如绿茶提取物等，这是由于这些植物提取物中有一些还原性基团，如酚羟基等，在碱性条件下可快速制备银纳米粒子。

根据银纳米粒子吸收峰的位置及吸收峰的半峰宽度，可以判定银纳米颗粒的粒径大小以及粒度分布。如表5-15-1所示。

表 5-15-1　银纳米粒子平均粒径与 λ_{max} 关系表

平均粒径/nm	<10	15	19	60
λ_{max}/nm	390	403	408	416

根据朗伯-比尔定律:$A = \varepsilon b c$,进行定量分析。其中,A 为吸光度,ε 为摩尔吸收系数,其单位为 L·mol^{-1}·cm^{-1};b 为光程,其单位为 cm;c 为浓度,其单位为 mol·L^{-1}。

当入射光波长 λ 及光程 b 一定时,在一定浓度范围内,有色物质的吸光度 A 与该物质的浓度 c 成正比。

据此,测定稀释后所获得的不同浓度的银纳米粒子溶液的吸光度,可以进一步验证朗伯-比尔定律。

【实验仪器与试剂】

1. 仪器:电子分析天平;磁力搅拌器;量筒(5 mL);烧杯(100 mL,50 mL);移液管(5 mL);容量瓶(50 mL);比色管(50 mL);紫外可见分光光度计;滴管;洗瓶;洗耳球;手套等。

2. 试剂:$AgNO_3$、$NaBH_4$、蒸馏水、冰块等。

【实验步骤】

1. 溶液配制:准确称取一定量 $AgNO_3$ 于烧杯中,加适量超纯水溶解后,定量转移至 100 mL 棕色容量瓶中,用水定容至刻度,充分摇匀,配制成 1.0 mmol·L^{-1} $AgNO_3$ 溶液。

准确称取一定量 $NaBH_4$ 于烧杯中,加适量超纯水溶解后,定量转移至 100 mL 容量瓶中,用水定容至刻度,充分摇匀,配制成 1.5 mmol·L^{-1} $NaBH_4$ 溶液。

2. 银纳米粒子的制备:移取一定体积新鲜配制的 1.5 mmol·L^{-1} $NaBH_4$ 溶液,在冰浴和搅拌条件下,按 $AgNO_3$ 溶液与 $NaBH_4$ 溶液体积比为 1:1、1:2、1:6、1:10 和 1:12 缓慢滴加入到一定量 5 mL 1.0 mmol·L^{-1} 的 $AgNO_3$ 溶液中,继续搅拌 10 min,制得银纳米粒子溶液。

3. 银纳米粒子的表征:首先观察银纳米粒子溶液颜色,预测各溶液最大吸收波长的位置;利用紫外可见分光光度计测得每一个溶液的吸收光谱,通过最大吸收峰的位置推测银纳米粒子的粒径大小;

选取某一银纳米粒子溶液,配制稀释不同倍数(稀释 2 倍、4 倍、6 倍和 10 倍)的银纳米粒子溶液,在最大吸收波长下进行吸光度测量。绘制稀释倍数与吸光度的曲线,考察不同浓度银纳米粒子溶液与吸光度之间的关系。

【注意事项】

1. $AgNO_3$ 溶液应避光保存。

2. $NaBH_4$ 溶液应用冰水配制,且现配现用。

3. $AgNO_3$ 和 $NaBH_4$ 易制爆试剂,应按照规定使用。

4. 实验废液应回收以免污染环境。

【数据记录与处理】

1. 利用 Origin 软件绘制每一个银纳米粒子溶液的紫外-可见吸收光谱图,找出最大吸收波长。

2. 绘制出吸光度与银纳米粒子溶液稀释倍数的曲线图,验证朗伯-比尔定律。

【思考题】

1. 用分光光度法进行测定时,为何要用空白溶液校正零点?

2. 为什么 $NaBH_4$ 溶液要用冰水配制,且现配现用?

3. 还有其他制备不同粒径的银纳米粒子的方法吗?

【实验讨论】

1. 银纳米粒子溶液的颜色呈黄色,其最大吸收波长在 400 nm 附近,这是由银纳米粒子的表面等离子体共振导致的。

2. 一般情况下,若银纳米粒子表面无稳定剂,其很不稳定,易聚沉,导致颜色加深。

3. 在银纳米粒子合成过程中,还原剂的滴加速度不要太快,搅拌速度要合适,不要太快或太慢。

【拓展阅读】

1. 刘艳平,梁巧瑜.龙船花叶片提取液制备银纳米粒子的研究.兰州文理学院学报(自然科学版),2020,34(06):56-62.

2. 李东祥,张晓芳,韦倩玲,张婧,徐洁,李春芳.科研转化的综合化学实验:银纳米粒子的制备及其催化反应动力学测量.化学教育(中英文),2020,41(16):49-54.

3. 康晶晶,双少敏,董川,李天栋,张彦.银纳米粒子的绿色合成及在生物医学中的应用进展.分析科学学报,2021,37(06):837-842.

4. Qin Yaqiong, Ji Xiaohui, Jing Jing, Liu Hong, Wu Hongli, Yang Wensheng. Size control over spherical silver nanoparticles by ascorbic acid reduction. Colloids and Surfaces A: Physicochemical and Engineering Aspects, 2010, 372:172-176.

5. Babu Sainath, Claville Michelle O, Ghebreyessus Kesete. Rapid synthesis of highly stable silver nanoparticles and its application for colourimetric sensing of cysteine. Journal of Experimental Nanoscience, 2015, 10:1242-1255.

【思政小课堂】

紫外可见分光光度计的发展历史

分光光度法始于牛顿。早在 1665 年牛顿做了一个实验:他让太阳光透过暗室窗上的小圆孔,在室内形成很细的太阳光束,该光束经棱镜色散后,在墙壁上呈现红、橙、黄、绿、蓝、靛、紫的色带。这色带就称为"光谱"。

1815 年夫琅和费仔细观察了太阳光谱,发现太阳光谱中有 600 多条暗线,并且对主要的 8 条暗线标以 A、B、C、D…H 的符号。这就是人们最早知道的吸收光谱线,被称为"夫琅和费线"。但当时对这些线还不能作出正确的解释。

1760 年朗伯发现物质对光的吸收与物质的厚度成正比,后被人们称为朗伯定律。1852 年比尔又发现物质对光的吸收与物质浓度成正比,后被人们称为比尔定律。在应用中,人们把朗伯定律和比尔定律联合起来,又称之为朗伯-比尔定律。

1859 年本生和基尔霍夫发现由食盐发出的黄色谱线的波长和"夫琅和费线"中的 D 线波长完全一致,才知一种物质所发射的光波长(或频率),与它所能吸收的波长(或频率)是一致的。

1862 年密勒应用石英摄谱仪测定了一百多种物质的紫外吸收光谱。他把光谱图表从可见区扩展到了紫外区,并指出:吸收光谱不仅与组成物质的基团质有关。接着,哈托莱和贝利等人,又研究了各种溶液对不同波段的截止波长。并发现吸收光谱相似的有机物质,它们的结构也相似。并且,可以解释用化学方法所不能说明的分子结构问题,初步建立了紫外可见分光光度计的理论基础,以此推动了紫外可见分光光度计的发展。

1918 年美国国家标准局研制成了世界上第一台紫外可见分光光度计(不是商品仪器,很不成熟)。1954 年,美国 Beckman 公司推出世界上第一台成熟的紫外可见分光光度计,此后各种紫外可见分光光度计涌现出来,被广泛应用于各个领域。

近年来,我国紫外可见分光光度计也得到了快速发展,如北京普析通用有限公司研发的双光束分光光度计的性能已可与国外进口仪器匹敌。

实验 16　亚甲基蓝在活性炭上的吸附比表面积的测定

【预习任务单】

1. 什么是比表面积?
2. 比表面积的测定方法有哪些?
3. 什么是朗缪尔(Langmuir)吸附等温式?
4. 本实验需要测定哪些参数? 如何测定?
5. 本实验数据如何处理?

【实验目的】

1. 掌握用溶液吸附法测定活性炭的比表面积的测定原理及测定方法。
2. 培养学生细致耐心的科学精神及良好的环保意识。

【实验原理】

比表面积是指单位质量(或单位体积)的物质所具有的表面积,其数值与分散粒子大小有关。

测定固体比表面积的方法很多,常用的有 BET 低温吸附法、电子显微镜法和气相色谱法,但它们都需要复杂的仪器装置或较长的实验时间。而溶液吸附法则仪器简单,操作方便。本实验用亚甲基蓝水溶液吸附法测定活性炭的比表面积。此法虽然误差较大,但比较实用。

活性炭对亚甲基蓝的吸附,在一定的浓度范围内是单分子层吸附,符合朗缪尔(Langmuir)吸附等温式。根据朗缪尔单分子层吸附理论,当亚甲基蓝与活性炭达到吸附饱和后,吸附与脱附处于动态平衡,此时亚甲基蓝分子铺满整个活性炭粒子表面而不留下空位。此时吸附剂活性炭的比表面积可按下式计算。

$$S_0 = \frac{(c - c_0)G}{W} \times 2.45 \times 10^6 \qquad (5-16-1)$$

式中,S_0 为比表面积($m^2 \cdot kg^{-1}$);c_0 为原始溶液的浓度;c 为平衡溶液的浓度;G 为溶液的加入量(kg);W 为吸附剂试样质量(kg);2.45×10^6 是 1 kg 亚甲基蓝可覆盖活性炭样品的面积($m^2 \cdot kg^{-1}$)。

本实验溶液浓度的测量是借助于分光光度计来完成的,根据光吸收定律,当入射光为一定波长的单色光时,某溶液的吸光度与溶液中有色物质的浓度及溶液的厚度成正比,即:

$$A = Kcl \qquad (5-16-2)$$

式中,A 为吸光度;K 为常数;c 为溶液浓度;l 为液层厚度。

实验首先测定一系列已知浓度的亚甲基蓝溶液的吸光度,绘出 A-c 标准曲线。然后测定亚甲基蓝原始溶液及平衡溶液的吸光度,再在 A-c 标准曲线上查得对应的浓度值,代入式(5-16-1)计算比表面积。

【仪器与试剂】

1. 仪器:分光光度计 1 套;振荡器 1 台;分析天平 1 台;台秤 1 台;离心机 1 台;三角烧瓶(100 mL 3 个);容量瓶(500 mL 4 个、100 mL 5 个)。

2. 试剂:亚甲基蓝原始溶液($2 \text{ g} \cdot \text{L}^{-1}$);亚甲基蓝标准溶液($0.1 \text{ g} \cdot \text{L}^{-1}$);颗粒活性炭。

【实验步骤】

1. 活化样品:将活性炭置于瓷坩埚中,放入 500 ℃ 马弗炉中活化 1 h(或在真空箱中 300 ℃ 活化 1 h),然后置于干燥器中备用。

2. 溶液吸附:取 100 mL 三角烧瓶 3 个,分别放入准确称取活化过的活性炭约 0.1 g,再加入 40 g 浓度为 $2 \text{ g} \cdot \text{L}^{-1}$ 的亚甲基蓝原始溶液,塞上橡皮塞,然后放在振荡器上振荡 3 h。

3. 亚甲基蓝标准溶液配制:用台秤分别称取 4 g、6 g、8 g、10 g、12 g 浓度为 $0.1 \text{ g} \cdot \text{L}^{-1}$ 的亚甲基蓝标准溶液于 100 mL 容量瓶中,用蒸馏水稀释至刻度,即得浓度分别为 $4 \text{ mg} \cdot \text{L}^{-1}$、$6 \text{ mg} \cdot \text{L}^{-1}$、$8 \text{ mg} \cdot \text{L}^{-1}$、$10 \text{ mg} \cdot \text{L}^{-1}$ 和 $12 \text{ mg} \cdot \text{L}^{-1}$ 的标准溶液。

4. 原始溶液的稀释:为了准确测定原始溶液的浓度,在台秤上称取浓度为 $2 \text{ g} \cdot \text{L}^{-1}$ 的原始溶液 2.5 g 放入 500 mL 容量瓶中,稀释至刻度。

5. 平衡液处理:样品振荡 3 h 后,取平衡溶液 5 mL 放入离心管中,用离心机旋转 10 min,得到澄清的上层溶液。取 2.5 g 澄清液放入 500 mL 容量瓶中,并用蒸馏水稀释到刻度。

6.最大吸收波长的选择:用 6 mg·L^{-1}的标准溶液,以蒸馏水为空白液,在 550 ~ 700 nm波长范围内测量吸光度,以最大吸收时的波长作为工作波长。将数据记录于表5-16-1 中。

表 5-16-1　亚甲基蓝溶液在不同波长下的吸光度

λ/nm	550	560	570	580	590	600	610	620	630	640	650	660	670	680	690	700
A																

7.吸光度的测定:在工作波长下,依次分别测定 4 mg·L^{-1}、6 mg·L^{-1}、8 mg·L^{-1}、10 mg·L^{-1}和 12 mg·L^{-1}的标准溶液的吸光度,以及稀释以后的原始溶液及平衡溶液的吸光度。将数据记录于表 5-16-2 中。

表 5-16-2　各溶液在最大吸收波长下的吸光度

c/(mg·L^{-1})	标准溶液					稀释后原始溶液	稀释后平衡溶液
	4	6	8	10	12		
A							

【实验注意事项】
1.标准溶液的浓度要准确配制。
2.活性炭颗粒要均匀并干燥,且三份称重应尽量接近。
3.振荡时间要充足,以达到吸附饱和,一般不应小于 3 h。

【数据处理】
1.利用表 5-16-1 数据作 A-c 标准曲线。
2.根据标准曲线和表 5-16-2 数据求亚甲基蓝原始溶液的浓度 c_0 和平衡溶液的浓度 c。从 A-c 工作曲线上查得对应的浓度,然后乘以稀释倍数 200,即得 G 和 c。
3.计算比表面积,求平均值。

【思考题】
1.比表面积的测定与温度、吸附质的浓度、吸附剂颗粒大小、吸附时间等有什么关系?
2.用分光光度计测定亚甲基蓝水溶液的浓度时,为什么还要将溶液再稀释到 mg·L^{-1}级浓度才进行测量?
3.固体在稀溶液中对溶质分子的吸附与固体在气相中对气体分子的吸附有何共同点和区别?
4.溶液产生吸附时,如何判断其达到平衡?

【实验讨论】

1. 测定固体比表面积时所用溶液中溶质的浓度要选择适当,即初始溶液的浓度以及吸附平衡后的浓度都选择在合适的范围内。既要防止初始浓度过高导致出现多分子层吸附,又要避免平衡后的浓度过低使吸附达不到饱和。如亚甲基蓝在活性炭上的吸附实验中原始溶液的浓度为 $2\ g\cdot L^{-1}$ 左右,平衡溶液的浓度不小于 $1\ mg\cdot L^{-1}$。

2. 根据朗缪尔吸附等温线的要求,溶液吸附必须在等温条件下进行,使盛有样品的三角瓶置于恒温器中振荡,使之达到平衡。本实验是在空气浴中将盛有样品的三角瓶置于振荡器上振荡。实验过程中温度会有变化,这样会影响测定结果。

【拓展阅读】

1. 侯向阳,侯秀芳,柴红梅,王智香,高楼军.溶液吸附法测定活性炭比表面积的实验改进.延安大学学报(自然科学版),2020,39(02):53-56.

2. 陈长宝,尚鹏鹏,朱树华,汪建民,尹延斌,张丽丽,尹旭升.固液吸附法测定活性炭比表面积实验条件的探索.广州化工,2018,46(13):116-117+138.

3. 王小艳,李国栋.物理吸附仪测定活性炭载体比表面积及孔结构的方法.中国氯碱,2011(11):28-30.

4. 宋军,王鉴,汪丽,宋刚,赵薇.容量法测定载体活性炭的比表面积.化学工程,2011,39(10):19-21+25.

5. 李荣柱,马艳红,卢成.BET 法测定氧化铝比表面积的研究.轻金属,2020(09):13-16.

【思政小课堂】

物理化学家——朗缪尔

朗缪尔(1881—1957),美国物理化学家。他在 1912 年成功研制高真空电子管,使电子管进入实用阶段。1913 年研制成充氮、充氩白炽灯。1916 年提出固体吸附气体分子的单分子吸附层理论。1917 年设计出测量水面上不溶物产生的表面压的"表面天平"(后称朗缪尔天平)。1923 年首创"等离子体"这个词。1924—1927 年发明氢原子焊枪。他还研制出了高真空汞泵和探测潜艇用的声学仪器。他还在电子发射、空间电荷现象、气体放电、原子结构及表面化学等方面作出了重要贡献,1947 年他和助手第一次成功地进行了人工降雨的试验。他与其学生布洛杰女士首创具有一定排列次序的多层单分子膜(称为 L-B 膜),这种膜具有各向异性,并且可以人为控制和组装,成为高科技的研究热点,为膜化学的发展奠定了基础。因其在表面化学和热离子发射方面的研究成果于1932 年获得诺贝尔化学奖。

实验 17　Ce 掺杂 ZnO 纳米材料的制备及光催化性能研究

【预习任务单】

1. 什么是水热法？有什么特点？
2. 什么是光催化技术？有什么特点？
3. 目前有哪些常见的光催化剂？它们在光催化过程中的作用是什么？
4. 光催化降解有机污染物的机理有哪些？Ce 的掺杂作用有哪些？
5. 如何计算降解率？如何进行光催化操作？

【实验目的】

1. 学会水热法制备 Ce 掺杂 ZnO 纳米材料。
2. 掌握纳米材料的光催化性能的研究方法。
3. 培养良好的环保意识及追求创新的科学精神。

【实验原理】

光催化降解技术是利用半导体材料在光照下通过氧化还原反应降解有机染料污染物,利用的是清洁且可再生的太阳能,并且设备简单、易于操作、低能耗、无二次污染等,被认为是一种可持续发展的水污染处理技术。

目前,应用比较广泛的 n 型半导体光催化材料有 TiO_2、ZnO、CdS、WO_3、SnO_2、ZnS、α-Fe_2O_3 等。通常,这些半导体材料在光照下,吸收一定能量的光量子后,电子由半导体价带跃迁至导带,同时留下等数量的带正电的空穴,光生电子与空穴再迁移至半导体表面,分别与周围的电子给体和电子受体反应,从而达到降解有机污染物的目的。

其中,ZnO 是一种宽禁带半导体材料,具有较高的电化学稳定性和热稳定性,能很好地吸收紫外光,在光激发下可有效地降解有机污染物,被广泛地应用于光催化领域。但 ZnO 光催化剂普遍存在着比表面积较小、载流子复合率高等自身缺点,限制了其光催化反应过程中的降解效率。为了提高 ZnO 纳米材料的光催化活性,科学家通过努力发现有如下几种方法可以提高 ZnO 纳米材料的光催化活性:形貌调控、表面贵金属沉积、表面光敏化、半导体复合及离子掺杂等。

其中离子掺杂是一种非常简单且有效改善 ZnO 纳米材料光催化活性的方法,它是将离子掺入到 ZnO 纳米材料的晶格中,在其带隙内形成缺陷能级或者定域态的杂质能级,并引入丰富的氧空位,能够在拓宽 ZnO 纳米材料的光响应范围的同时,又达到光生载流子有效分离的目的。离子掺杂大致可分为金属离子掺杂和非金属掺杂。最近的研究发现,少量的 Ce 掺杂后会使 ZnO 纳米材料的禁带宽度变窄,有利于 ZnO 纳米材料在光照条件下产生电子和空穴,有利于光催化反应。但是当掺杂过多的 Ce 时,ZnO-Ce 纳米材料的活性反而下降,这可能是由于过多 Ce 的存在,导致 ZnO 纳米材料中氧或锌缺陷的增加,同时部分掺杂离子可能演变成为电子和空穴的复合中心,使得光生电子-空穴对更易复合而导致 ZnO 纳米材料的光催化活性降低。

本实验是通过水热法制备少量 Ce 掺杂的 ZnO 纳米材料,并研究在模拟太阳光的条件下其对甲基橙的光催化降解性能。水热反应的原理如下:在特制的密闭反应容器(水热釜)中,以水溶液为反应介质,通过对反应容器加热,从而在反应容器内部创造一个高温、高压的反应环境,使得在常规条件下难溶或不溶于水的物质溶解、反应并重结晶,从而得到理想的产物。

其中可采用以下公式计算甲基橙的降解率:

$$D = \frac{c_0 - c_t}{c_0} \times 100\% = \frac{A_0 - A_t}{A_0} \times 100\% \qquad (5-17-1)$$

式中,D 为降解率;c_0 为甲基橙的初始浓度;c_t 为光催化在某一时刻甲基橙溶液的浓度;A_0 为甲基橙的初始吸光度值;A_t 为光催化某一时刻甲基橙溶液的吸光度值。

【仪器与试剂】

1. 仪器:200 mL 聚四氟乙烯反应釜 1 套;紫外-可见分光光度计;鼓风干燥箱;高速离心机;搅拌器;150 W 金属钠光灯。

2. 试剂:甲基橙;六水合硝酸锌;硝酸铈;十六烷基三甲基溴化铵;氢氧化钠;无水乙醇。

【实验步骤】

1. Ce 掺杂 ZnO 纳米材料的制备:在磁力搅拌下,将 1.338 g 六水合硝酸锌溶解在 80 mL 的去离子水中,直至形成透明溶液。准确加入 58 mg 硝酸铈至上述溶液中,随后在此溶液中加入 28 mg 的十六烷基三甲基溴化铵(CTAB),室温下继续搅拌 20 min。将 1.6 g NaOH 溶于 40 mL 去离子水中,然后将 NaOH 溶液加到上述硝酸锌溶液,继续搅拌 30 min 后,将混合液转到 200 mL 聚四氟乙烯内衬的不锈钢反应釜中,置于 140 ℃ 的鼓风干燥箱内反应 12 h,随后冷却至室温。将得到的白色沉淀物离心分离,用去离子水和无水乙醇反复洗涤数次后放入干燥箱,75 ℃ 干燥 4 h,产物标记为 ZnO-Ce。

2. Ce 掺杂 ZnO 纳米材料的光催化性能研究:用分析天平准备称取 10 mg 甲基橙,用去离子水溶解,定量转移至 1 L 容量瓶中,定容并摇匀。

移取 50 mL 10 mg·L^{-1} 的甲基橙溶液,准确称取 25 mg ZnO-Ce,置于甲基橙溶液中,放入超声仪中超声 2 min 使催化剂粉末均匀分散。然后将样品管置于磁力搅拌器上,在黑暗条件下吸附 30 min 以达到吸附-脱附平衡状态,再移取 3 mL 吸附平衡后的甲基橙溶液于离心管中。

打开 150 W 金属钠光灯(模拟可见光),进行光照,每隔 5 min 取一次甲基橙溶液,每次取 3 mL 置于离心管中,待光照 30 min 后停止光照,将所有甲基橙溶液置于离心机中,在 10 000 r·min^{-1} 的转速下离心分离 10 min,用滴管取上层清液,并用紫外-可见分光光度计测定光照前后各溶液在甲基橙最大吸收波长下的吸光度。

表 5-17-1　实验数据记录表

时间/min	-30	0	5	10	15	20	25	30
A								

【实验注意事项】

1. 反应釜装入溶液和放入烘箱前一定要在教师指导下进行。

2. 本实验涉及高温反应,请按照学校规定进行实验。

3. 离心机使用前一定要经过教师培训合格后才能使用。

4. 光催化过程中,眼睛要戴上强光防护镜,切勿肉眼直视光源。

【数据记录与处理】

1. 记录 ZnO-Ce 合成条件及实验现象。

2. 根据光照前后各溶液在甲基橙最大吸收波长下的吸光度,计算各反应时间的光催化降解率,并绘制光催化降解率与光催化反应的时间拟合曲线图。

【思考题】

1. 为什么在光照前要在黑暗处搅拌 30 min?

2. 查阅文献,还有哪些离子可通过掺杂提高氧化锌纳米材料的光催化性能?

【实验讨论】

1. 本实验耗时较长,可作为综合化学实验进行操作。

2. 本实验制备的光催化纳米材料还可用于其他染料污染物的光催化降解。

【拓展阅读】

1. 孔婷,张金牛,姜紫赫,魏秀梅,李金萍. BiOI 光催化性能的调控机制. 陕西师范大学学报(自然科学版),2022,50(01):43-52.

2. 殷巧巧,乔儒,童国秀. 离子掺杂氧化锌光催化纳米功能材料的制备及其应用. 化学进展,2014,26(10):1619-1632.

3. 姜兆杰,张秀芳,王冠龙,王硕. ZIF-8 制备碳掺杂氧化锌及其光催化性能. 大连工业大学学报,2022,41103:184-188.

4. 徐敏虹,潘国祥,童艳花,陈海锋,许凯波. Ce 掺杂 ZnO 的制备及光催化性能综合实验设计. 实验室研究与探索,2020,39(10):14-16+49.

【思政小课堂】

走向美好世界之路——光催化技术

随着人类日益增长的能源需求与能源日益短缺矛盾的加剧,新能源尤其是太阳能的开发利用也显现出更加重要的作用。光催化以其反应条件温和、能直接利用太阳能转化为化学能的优势,备受科研人员的关注。

光催化能将太阳能转变为化学能,例如光解水制氢、光还原二氧化碳等,如果能够大规模地应用,将可以有效地缓解上述矛盾。此外,光催化还可以利用太阳能降解有机污染物、还原重金属离子、实现自清洁等,因而也是一种理想的环境污染治理技术。光催化在能源及环境保护领域中均显现出巨大的应用前景。但是光催化技术在实际应用方面还有很长的路要走,这需要我们坚定信念,勇于创新。

实验 18　磁性材料的制备及其污水处理性能的研究

【预习任务单】

1. 常见污水处理方法有哪些?
2. 如何将活性炭和磁性材料复合在一起?
3. 本实验中的磁性材料形成机理是什么? 反应体系中加入乙二醇和醋酸钠的作用是什么?
4. 本实验需要测定哪些数据? 这些数据如何处理?

【实验目的】

1. 了解水热法制备原理,掌握水热法制备 $Fe_3O_4@C$ 复合材料的操作方法。
2. 掌握 $Fe_3O_4@C$ 复合材料吸附有机污染物的实验操作方法及数据处理方法。
3. 培养追求创新的科学精神和良好的环保意识。

【实验原理】

1. 水热法 $Fe_3O_4@C$ 的制备原理:纳米 Fe_3O_4 的液相制备方法主要有共沉淀法、滴定法、水解法、超声波法、水热法、空气氧化法、微乳液法等。其中共沉淀法、空气氧化法工艺简单,具有工业化前景,但产物不均匀,分散性不佳;而用水热法、微乳液法、滴定法以及用有机铁为原料或将无机铁盐置于有机溶剂中进行高温分解或液相反应等可制备分散性好的超顺磁性纳米 Fe_3O_4,故此实验选用水热法制备磁性材料。

水热反应的原理如下:在特制的密闭反应容器(水热釜)中,以水溶液为反应介质,通过对反应容器加热,从而在反应容器内部创造一个高温、高压的反应环境,使得在常规条件下难溶或不溶于水的物质溶解、反应并重结晶,从而得到理想的产物。

本实验以三氯化铁为铁源,醋酸钠(NaAc)水解形成氢氧根离子,氢氧根与铁配位,产生铁的沉淀,而后配体分解同时 NaAc 提供静电稳定作用,以达到防止颗粒聚集的目的,同时有助于乙二醇介导的氯化铁还原为四氧化三铁,进行形貌控制。

2. 磁性复合材料的吸附原理及吸附性能表征:本磁性复合材料对污水的处理主要由其表面活性炭吸附有机污染物实现。活性炭的吸附包括物理吸附和化学反应。其物理吸附是由于活性炭的多孔结构提供了大量的表面积,孔壁上大量的分子可以产生强大的引力,从而将介质中的杂质吸引到孔径中。除了物理吸附之外,化学反应通常发生在活性炭的表面,其表面含有少量的化学结合、功能团形式的氧和氢,例如羧基、羟基、酚类、内脂类、醌类、醚类等可以与被吸附的物质发生化学反应,从而与被吸附物质结合聚集到活性炭的表面。当活性炭在溶液中的吸附速度和解吸速度相等时,即单位时间内活性炭吸附的数量等于解吸的数量时,此时被吸附物质在溶液中的浓度和在活性炭表面的浓度均不再变化,从而达到平衡。

磁性复合材料的磁吸附率和重复性分别指磁性纳米材料吸附和再生、可重复利用的性能。在通常情况下,将使用后的吸附剂用乙醇处理,即可实现其回收利用。本实验中,通过测量"污水"样品吸光度的变化,反映吸附颗粒对染料的吸收情况。由分光光度计在亚甲基蓝最大吸收波长(660 nm)下测定溶液的吸光度,并根据朗伯-比尔定律得到吸附率 D 的公式:

$$D = \frac{c_0 - c_t}{c_0} \times 100\% = \frac{A_0 - A_t}{A_0} \times 100\% \qquad (5-18-1)$$

式中,D 为吸附率;c_0 为亚甲基蓝溶液的初始浓度;c_t 为吸附后的亚甲基蓝溶液的浓度;A_0 为亚甲基蓝溶液的初始吸光度;A_t 为吸附后的上清液的吸光度。

根据式(5-18-1)测溶液吸附前后的吸光度,得到该复合材料的吸附率。本实验进行 5 次吸附、回收实验,并通过绘制吸附率-循环次数柱形图,可直观得到,所制备吸附材料的回收性能。

【仪器与试剂】

1. 仪器:50 mL 水热釜 1 套;50 mL 量筒;100 mL 烧杯 1 个;50 mL 烧杯 10 个;胶头滴 10 个;电子分析天平 1 台;强磁铁 1 块;马弗炉 1 台;烘箱 1 台;振荡器 1 台;分光光度计 1 台;磁力搅拌器 4 台。

2. 试剂:乙二醇(AR);六水合三氯化铁(AR);无水乙酸钠(AR);活性炭粉(AR);无水乙醇(AR);亚甲基蓝溶液(10 mg·L^{-1})。

【实验步骤】

1. 制备 $Fe_3O_4@C$:在 100 mL 烧杯中加入 20 mL 乙二醇,再加入 0.9 g 氯化铁搅拌至完全溶解后加入 0.5 g 活性炭粉,搅拌,再加入 1.8 g 醋酸钠,搅拌 0.5 h,溶液呈黏稠状,转入 50 mL 水热釜内胆,密封,200 ℃下反应 8 h。待溶液冷却至室温后,加入适量去离子水和乙醇反复洗涤后,使用强磁铁吸引,倾倒上层液体,重复此操作,最后将所得样品分散于适量无水乙醇中,干燥备用。

2. $Fe_3O_4@C$ 对亚甲基蓝吸附性能的研究

(1)不同质量 $Fe_3O_4@C$ 对亚甲基蓝吸附率的研究。分别将 20 mg、40 mg、60 mg 和 100 mg 的上述磁性材料加入 10 mL 质量浓度为 10 mg·L^{-1} 的亚甲基蓝溶液中,振荡 1 h 后,使用磁铁进行磁分离,取上清液测其吸光度。将数据记录于表 5-18-1 中。

表 5-18-1 不同质量 $Fe_3O_4@C$ 对亚甲基蓝吸附后上清液的吸光度

质量	20 mg	40 mg	60 mg	100 mg
A				

（2）时间－吸附率曲线的绘制。将 60 mg 磁性材料加入 10 mL 质量浓度为 10 mg·L^{-1} 的亚甲基蓝溶液中振荡，而后每隔 5 min 磁分离后取上清液测其吸光度并记录，至 1 h 结束。将数据记录于表 5-18-2 中。

表 5-18-2　不同质量 Fe_3O_4@C 对亚甲基蓝吸附后上清液的吸光度

时间/min	0	5	10	15	20	25	30	35	40	45	50	55	60
A													

（3）重复性测试。将绘制时间-吸附率曲线中所用磁性材料通过外加磁场进行分离，而后分散于 30 mL 乙醇中振荡 10 min，进行洗脱并重复两次，而后加入 10 mL 浓度为 10 mg·L^{-1} 的亚甲基蓝溶液中，进行 30 min 吸附，取上清液测其吸光度，重复进行 5 次。

表 5-18-3　不同质量 Fe_3O_4@C 对亚甲基蓝吸附后上清液的吸光度

次数	1	2	3	4	5
A					

【实验注意事项】

1. 一定要注意防烫，必须戴高温防烫手套取出反应釜，必须等反应釜放凉后打开，避免出现危险。须采用磁分离进行后处理，以去除没有复合上的碳材料。

2. 分光光度计使用前，须预热 30 min，并用参比溶液调零。

【数据记录与处理】

1. 利用表 5-18-1 数据，作出不同质量 Fe_3O_4@C 吸附率对比柱状图。

2. 利用表 5-18-2 数据，作出 Fe_3O_4@C 吸附率与时间的关系曲线图。

3. 利用表 5-18-3 数据，作出 Fe_3O_4@C 重复利用吸附率对比柱状图。

【思考题】

1. Fe_3O_4@C 还能吸附去除哪些污染物？

2. Fe_3O_4@C 能否用于一些污染物的回收利用？

【拓展阅读】

1. 郭仕龙，胡敏，尤帅，文浩宇，杨雅儒，刘文彬，高培红，向丹，张雯. 磁性材料的制备及其污水处理性能测试——基于混合式教学的综合实验. 大学化学，2021，36（08）：150-158.

2. 罗忆婷，陈锦华，向延鸿，刘嘉琪，刘志雄，刘雯，王力宏. Mn_3O_4/SiO_2 磁性复合材料的制备及其对亚甲基蓝的吸附. 环境污染与防治，2022，44（03）：317-323.

3. 田甜，张凌琳. 新型壳聚糖磁性材料的制备及其染料吸附机理探究. 四川大学学报（自然科学版），2021，58（04）：149-155.

【思政小课堂】

磁性材料的发展历程

　　磁性材料是古老而用途广泛的多功能材料,是指由过渡元素铁、钴、镍及其合金等能够直接或间接产生磁性的物质,按磁化后去磁的难易程度,磁性材料又可分为软磁性材料和硬磁性材料。软磁性材料是磁化后容易去掉磁性的物质,而硬磁性材料是不容易去磁的物质。磁性材料已经广泛应用在我们的生活中,其与信息化、自动化、机电一体化、国防、国民经济等方面紧密相关。

　　我国是世界上最先发现物质磁性现象和应用磁性材料的国家。早在战国时期就有关于天然磁性材料(如磁铁矿)的记载。11 世纪就发明了制造人工永磁材料的方法。1086 年《梦溪笔谈》记载了指南针的制作和使用。1099—1102 年有指南针用于航海的记述,同时还发现了地磁偏角的现象。近代,电力工业的发展促进了金属磁性材料——硅钢片(Si-Fe 合金)的研制。永磁金属从 19 世纪的碳钢发展到后来的稀土永磁合金,性能提高二百多倍。随着通信技术的发展,软磁金属材料从片状改为丝状再改为粉状,仍满足不了频率扩展的要求。20 世纪 40 年代,荷兰 J. L. 斯诺伊克发明电阻率高、高频特性好的铁氧体软磁材料,接着又出现了价格低廉的永磁铁氧体。50 年代初,随着电子计算机的发展,美籍华人王安首先使用矩磁合金元件作为计算机的内存储器,不久被矩磁铁氧体记忆磁芯取代,后者在 60 ~ 70 年代曾对计算机的发展起过重要的作用。50 年代初人们发现铁氧体具有独特的微波特性,制成一系列微波铁氧体器件。压磁材料在第一次世界大战时即已用于声呐技术,但由于压电陶瓷的出现,使用有所减少。

　　近代以来,随着工业和技术发展,大量新的磁性材料被发现,主要分为三代:第一代铝镍钴(AlNiCo),第二代铁氧体,第三代稀土永磁。其中稀土永磁,又被划分为三个阶段:第一阶段 $SmCo_5$,第二阶段 Sm_2Co_{17},第三阶段 $Nd_2Fe_{14}B$。我国对磁材关注最早,指南针的应用改变了世界航海史。但中间出现空档,最终又靠改革开放,成为全球磁材最大制造基地。

参考文献

[1] 上官荣昌. 物理化学实验[M]. 2 版. 北京:高等教育出版社,2003.

[2] 陈龙武,邓希贤,朱长缨,等. 物理化学实验基本技术[M]. 上海:华东师范大学出版社,1986.

[3] 龚宁,单丽伟,许河峰. 无机及分析化学实验[M]. 北京:科学出版社,2020.

[4] 孙尔康,高卫,徐伟清,等. 物理化学实验[M]. 2 版. 南京:南京大学出版社,2015.

[5] 谢修根. 物理化学实验[M]. 武汉:武汉大学出版社,2010.

[6] 王军,王冬梅,张丽君,等. 物理化学实验[M]. 2 版. 北京:化学工业出版社,2015.

[7] 钟爱国,金燕仙,闫华. 物理化学实验[M]. 杭州:浙江大学出版社,2021.

[8] 武汉大学. 分析化学:下册[M]. 6 版. 北京:科学出版社,2018.

[9] 郭子成,朱良,朱红旭. 简单一级反应数据处理的一个新模型[J]. 化学通报,2000,(04):47-51.

[10] 徐敏虹,潘国祥,童艳花,等. Ce 掺杂 ZnO 的制备及光催化性能综合实验设计[J]. 实验室研究与探索,2020,39(10):14-16+49.

[11] 郭仕龙,胡敏,尤帅,等. 磁性材料的制备及其污水处理性能测试——基于混合式教学的综合实验[J]. 大学化学,2021,36(08):150-158.

160

附 录

附录1 常用浓酸碱的浓度、密度

名称	密度/ (g·mL⁻¹)	质量分数/ %	物质的量浓度 /(mol·L⁻¹)	名称	密度/ (g·mL⁻¹)	质量分数/ %	物质的量浓度 /(mol·L⁻¹)
浓硫酸	1.84	98	18.66	浓高氯酸	1.67	70	11.6
浓盐酸	1.19	38	12.39	浓氢氟酸	1.13	40	23
浓硝酸	1.42	69.2	15.6	冰醋酸	1.05	99	17.5
浓磷酸	1.86	100	19.01	浓氨水	0.91	28	14.8

附录2 水温与密度对照表

温度/℃	密度/(g·mL⁻¹)	温度/℃	密度/(g·mL⁻¹)	温度/℃	密度/(g·mL⁻¹)	温度/℃	密度/(g·mL⁻¹)
0	0.999 849 3						
1	0.999 901 5	11	0.999 607 4	21	0.997 994 8	31	0.995 345 0
2	0.999 942 9	12	0.999 499 6	22	0.997 773 0	32	0.995 030 2
3	0.999 967 2	13	0.999 379 2	23	0.997 541 2	33	0.994 707 1
4	0.999 975 0	14	0.999 246 4	24	0.997 299 4	34	0.994 375 6
5	0.999 966 8	15	0.999 101 6	25	0.997 048 0	35	0.994 035 9
6	0.999 943 0	16	0.998 945 0	26	0.996 787 0	36	0.993 688 3
7	0.999 904 3	17	0.998 776 9	27	0.996 516 6	37	0.993 332 8
8	0.999 850 9	18	0.998 597 6	28	0.996 237 1	38	0.992 969 5
9	0.999 783 4	19	0.998 407 3	29	0.995 948 6	39	0.992 598 7
10	0.999 702 1	20	0.998 206 3	30	0.995 651 1	40	0.992 220 4

附录3 标准缓冲溶液的 pH 值与温度关系对照表

温度/℃	0.05 mol/kg 邻苯二钾酸氢钾	0.025 mol/kg 混合磷酸盐	0.01 mol/kg 四硼酸钠
5	4.00	6.95	9.39
10	4.00	6.92	9.33
15	4.00	6.90	9.28
20	4.00	6.88	9.23
25	4.00	6.86	9.18
30	4.01	6.85	9.14
35	4.02	6.84	9.11
40	4.03	6.84	9.07
45	4.04	6.83	9.04
50	4.06	6.83	9.02
55	4.07	6.83	8.99
60	4.09	6.84	8.97